CHINA ARCHITECTURAL EDUCATION

2016年　2016（总第15册）

主管单位： 中华人民共和国住房和城乡建设部
中华人民共和国教育部

主办单位： 全国高等学校建筑学学科专业指导委员会
全国高等学校建筑学专业教育评估委员会
中国建筑学会
中国建筑工业出版社

协办单位： 清华大学建筑学院　同济大学建筑与城规学院
东南大学建筑学院　天津大学建筑学院
重庆大学建筑城规学院　哈尔滨工业大学建筑学院
西安建筑科技大学建筑学院　华南理工大学建筑学院

编　　辑：《中国建筑教育》编辑部
地　　址： 北京海淀区三里河路9号　中国建筑工业出版社　邮编：100037
电　　话： 010-58337043　010-58337110
投稿邮箱： 2822667140@qq.com
出　　版： 中国建筑工业出版社
发　　行： 中国建筑工业出版社
法律顾问： 唐　玮

图书在版编目（CIP）数据

中国建筑教育.2016.总第15册/《中国建筑教育》编辑部编著.—北京：中国建筑工业出版社，2017.1

ISBN 978-7-112-20371-0

Ⅰ.①中… Ⅱ.①中… Ⅲ.①建筑学-教育研究-中国　Ⅳ.①TU-4

中国版本图书馆CIP数据核字（2017）第023478号

开本：880×1230毫米　1/16　印张：$7^{3}/_{4}$
2017年1月第一版　2017年1月第一次印刷
定价：25.00元
ISBN 978-7-112-20371-0
（29926）
中国建筑工业出版社出版、发行（北京海淀三里河路9号）
各地新华书店、建筑书店经销
北京画中画印刷有限公司印刷
本社网址：http://www.cabp.com.cn　中国建筑书店：http://www.china-building.com.cn
本社淘宝天猫商城：http://zgjzgycbs.tmall.com　博库书城：http://www.bookuu.com
请关注《中国建筑教育》新浪官方微博：@中国建筑教育_编辑部
请关注微信公众号：《中国建筑教育》

目录

CONTENTS

主编寄语

“建造”专栏源于近年校园内如火如荼的建造节的兴起，以及师生们不断对建造材料与技术的多样可能性的探索。每年各高校的建造活动都在材料的多样性上推陈出新，在技术的可能性上日臻完善与合理。本册专栏选取5篇文章以飨读者。天津大学宋昆、胡一可的“建造札记：一次全过程的建造体验”，是关于综合性材料的混合使用的建造课程的总结；第四篇是关于建造“技”与“艺”关系的探讨；其他三篇则是关于木构形式及建造方式可能性的探讨。本册即将付梓之际，欣闻东南大学韩晓峰等老师合著的《木构营造》一书出版，正好可以作为东南大学木构建造教学成果的一次总结，以资同侪借鉴。

“建筑设计研究与教学”栏目选取了一年来投稿中比较偏向实际案例的教学与课程研究文章，共四篇。同济大学徐甘、张建龙的文章着眼于本科二年级设计训练的深度与完整性；武汉大学熊燕的文章从“书院空间”说起，解读三年级某类型空间设计；哈工大席天宇等的文章再次从联合设计教学角度，探讨网络互动式教学方式的新方法。

“教学方法研究”栏目，选取了两篇颇具创新的文章，其一是关于村落调查如何用新的方法和手段生成更为精准的调研成果，以补益传统地面调查的不足，值得借鉴与推广。其二是关于“环境—行为”课程的教学实验的阶段总结，该教学打破年级界限，有效提升教学效果。

“《中国建筑教育》·‘清润奖’大学生论文竞赛获奖论文（选登）”栏目，选取了四篇“清润奖”获奖论文。正如《建筑的历史语境与绿色未来——2014、2015“清润奖”大学生论文竞赛获奖论文点评》一书的封底上的一段话，“评委们没有因为所评的是获奖论文就一味褒扬，而是基于提升的目的进行点评，以启发思考，让后学在此基础上领悟提升论文写作的方法与技巧”，对每一篇论文，要让学生不仅知道怎么写，还要知道如何可以把它写得更好，用何种方式从何角度改进，是文章最终致胜的关键。期待一届又一届学生从“清润奖”大学生论文竞赛获奖论文点评中汲取营养。“润物细无声”，“清润奖”以其公益性姿态、公平公正的操作流程、扶持后学惠济他人的严谨作风，赢得了广泛的赞誉。2017年，新一年竞赛出题工作即将拉开帷幕，春光渐暖，期待新一批优秀学生论文的喷薄涌现！

李东

2016年9月

建造札记：一次全过程的建造体验

宋昆 胡一可

Notes on Building: An Experience of Whole Construction Process

■摘要：天津大学建筑学院一年级教学组于2011年开展了一次大尺度模型的建造教学实践。该教学以巴塞罗那世博会德国馆为案例，强调综合性教学引导，即在一般设计课教学所关注的对概念、功能、空间的分析与设计之外，强调建筑的建造以及全生命周期的概念。教学内容不仅包括对真实的尺度、材料、构造和结构的清晰认知，甚至包括相应的施工和管理模式认知。由此，建造教学帮助学生理解建筑图纸和建筑实体之间的联系和差异，促进建筑教学中设计与建造的结合。
■关键词：大尺度模型　建造教学实验　全生命周期　设计与建造
Abstract: A construction teaching experiment of large scale model was carried out in 2011 by the first grade teaching group in School of Architecture, Tianjin University. The teaching experiment emphasize Comprehensive teaching guiding, based on the German Pavilion in Barcelona EXPO. Besides analysis and design of the concept, function and space, which were paid attention to in usual design teaching, this experiment laid stress on the concept of the construction and whole life circle. The teaching content includes not only the clear cognition for real scale, material, structure and construction, but also the corresponding execution and management mode. Thus, the construction teaching help the students understand the relation and diversity between architecture drawing and its real entity, promoting the combination of design and construction in the architecture teaching.
Key words: Large Scale Model; Construction Teaching Experiment; Buildings in Whole Life Circle; Design and Construction

学做合一，手脑并用，双手万能。——陶行知

手工艺的教学是为了给大量生产的设计做准备。从最简单的工具和工作开始，学生

可以逐渐掌握更加复杂的问题和使用机器，与此同时他可以从始至终接触到完整的生产过程。[1]——格罗皮乌斯

天津大学建筑学院于 2011 年春季学期一年级设计课教学中开展了基于密斯设计的巴塞罗那世博会德国馆（以下简称德国馆）的大尺度模型设计与建造训练（图 1）。该教学实验强调综合性，引入了建筑全生命周期的概念，模拟建筑实际建造的全过程。教学内容不仅包括对建筑真实的尺度、材料、构造和结构的清晰认知，甚至包括相应的施工和管理模式的认知。学生得以经历建筑选址、策划、方案设计、施工图设计、现场施工等多个环节，从而对建筑设计与建造的关联性有了较为系统而深刻的认识。

图 1　巴塞罗那德国馆素模渲染（张天翔补绘）

一、课程构想

格罗皮乌斯（Walter Gropius）在包豪斯教学中即强调设计与建造的结合，强调手工艺教学，期望学生可以从始至终接触到建筑完整的生产过程。课程基本构想继承包豪斯的教学理念，强调建筑教学的"综合性"，不仅整合概念、功能、空间等课程设置，而且力图通过真实的尺度、材料、建造让学生获得对场地、空间、构造等方面的真实体验，甚至包括建设标准、材料价格、施工成本控制、工程变更、后期管理等一系列内容，使刚接触建筑学专业学习的一年级新生对建筑由设计到建造的全生命周期有系统性认知。

1．指导思想

将"合理、经济、环保（建筑材料可持续利用）"的理念贯穿在建筑设计、建造、拆解的整个过程中。

2．教学目的

让学生准确把握建筑图纸的绘制方法，初步了解基本的建筑材料和构造做法的知识；全面了解从建筑设计到施工完成的整个过程；体会图纸上的成果和建成作品之间的差异；培养学生的组织、协调及合作能力。

3．工作方法

（1）分工协作：共分 7 组，每组 3 ~ 5 人不等；

（2）三阶段完成目标，并对三阶段成果进行评价：第一阶段 4 周；第二阶段 8 周；第三阶段 4 周。成果阶段，教师打分占 50%，学生打分占 50%。学生间互相打分采用德尔菲法，分 2 ~ 3 档。

4. 工作步骤及具体内容（表1）

分组名单及工作内容　　表1

<table>
<tr><td rowspan="2">方案组</td><td colspan="2">张叶芃</td><td colspan="2">王怡玉</td><td colspan="2">黄乔</td><td>胡鸿睿</td></tr>
<tr><td colspan="7">承担任务：方案制定、选址、协调各组工作等
1. 搜集德国馆尽可能多的资料；
2. 深入研究原作的建造意图、历史意义、材料及构造做法等；
3. 转化研究：运用现有材料和手段构想再现德国馆的可行方案，指导建造。</td></tr>
<tr><td rowspan="2">结构及构造组</td><td colspan="2">柴文璞</td><td colspan="2">丛楠</td><td colspan="2">邓鹤</td><td>游欣</td></tr>
<tr><td colspan="7">承担任务：结构选型及构造节点研究；确定相应方案
1. 结构及构造做法选取；
2. 相关案例分析；
3. 施工图绘制</td></tr>
<tr><td rowspan="2">材料组</td><td>王庆</td><td>刘东伟</td><td>王西</td><td>亚尼克（布）</td><td>刘会欣</td><td colspan="2">吴昊</td></tr>
<tr><td colspan="7">承担任务：材料研究、选取适用材料、现场材料调研
1. 原作材料分析及替代材料选取（延续原作品精神，如玻璃、钢柱等问题）；
2. 环保构想：材料的回收再利用方案；
3. 装饰材料市场调研、购买材料</td></tr>
<tr><td rowspan="2">施工组</td><td>张天翔</td><td>张倩仪</td><td>刘博</td><td>韩立国</td><td>张文博</td><td>梁俊英（越）</td><td>林政（韩）</td></tr>
<tr><td colspan="7">承担任务：施工计划表、施工组织
1. 选址、现场工作面的布置；
2. 建筑基础的解决方案；
3. 建筑本体的施工步骤；
4. 施工安全保障工作</td></tr>
<tr><td rowspan="2">内饰组</td><td>刘若愚</td><td colspan="2">孙晓易</td><td>白振霞</td><td colspan="2">贾玮冉</td><td>洪金贤（印）</td></tr>
<tr><td colspan="7">承担任务：室内装饰、家具制作（巴塞罗那椅等）、雕塑制作
1. 巴塞罗那椅及雕塑的制作；
2. 地面、墙面、天花、水池及防水</td></tr>
<tr><td rowspan="2">财务及后勤组</td><td colspan="2">侯静轩</td><td colspan="2">丁宇辰</td><td colspan="2">刘晓宇</td><td>刘涵冰</td></tr>
<tr><td colspan="7">承担任务：募集资金、财务管理、概预算、后勤保障
1. 预算：结合材料组和构造组的成果制订详尽的预算方案；
2. 成本控制：所有经费开支都要如实记录（签字留底），整理票据；
3. 后勤工作：物品摆放及整理、清扫、订饭等；
4. 材料回收、作品推销及销售等</td></tr>
<tr><td rowspan="2">宣传组</td><td colspan="2">闫振强</td><td colspan="2">张凯翔</td><td colspan="2">赵欣楠</td><td>阮忠德（越）</td></tr>
<tr><td colspan="7">承担任务：课程记录及影像图片资料收集、策展、仪式活动组织等
1. 工作日志：图文并茂地记录每一天的工作情况；
2. 影像记录：全过程影像资料的搜集和整理；
3. 仪式组织：包括奠基、上梁、竣工等环节的仪式等；
4. 宣传工作：海报、宣传册等的制作；将成果上传网络等；
5. 策展：以建造成果为载体，布置展览空间展示教学过程等相关内容</td></tr>
<tr><td>备注</td><td colspan="7">各分组对所负责内容进行总体控制，在每个阶段都由全班同学共同参与，决策权在各专业组</td></tr>
</table>

5. 成果要求

成果要求　　表2

	第一阶段 认知（4周）	第二阶段 行动（8周）	第三阶段 成果（4周）
	本组教师授课（宋昆）：教学意义及目的，动员；建筑师的根本职责和任务；建筑全寿命周期的基本内容（包括前期决策、勘察设计、施工、使用维修乃至拆除各个相互关联而又相互制约的阶段）	本组教师授课（宋昆、胡一可）：相关课程作业的案例分析； 聘请教师授课（张宗森老师讲授材料及细部相关内容；苗展堂老师讲授结构相关内容）：构造做法； 建筑材料	本组教师授课（胡一可）：针对第二阶段成果的问题分析； 聘请教师授课（杨向群、荣师傅）：结构及构造做法； 建筑施工完成
（1）方案组	德国馆准确的平、立、剖及总平面图； 原作建筑结构与构造图	通过材料和结构分析密斯的建筑精神（两张A1）； 指导材料组及结构组工作	通过建筑成果评判
（2）宣传组	与各组沟通，制订详尽的工作计划； 布展设计图	半程工作日志及影像资料，最终多媒体成果的框架	提交工作日志、影像资料、多媒体成果； 汇报前完成布展

续表

	第一阶段 认知（4周）	第二阶段 行动（8周）	第三阶段 成果（4周）
(3) 财务及后勤组	工作计划	预算报告	过程资料汇总，提交建造费用报告
(4) 材料组	原作建筑材料分析	确定材料选择方案（材料名称、厂家、预制尺寸及数量）	与财务及后勤组共同制作建筑要素再利用示意图
(5) 结构组	原作建筑结构分析	所有建筑节点图（标明构造细部）	必要时提供结构细化方案
(6) 施工组	原作建筑基础图，施工计划	选定场地并分析； 与其他各组协调，完成整套的施工方案（施工步骤及人员安排）； 明确场地及施工管理的职责划分	针对施工过程进行指导
(7) 内饰组	原作家具、雕塑、室内装饰图纸	完成所有内饰的图纸	制作完成巴塞罗那椅、雕塑、室内装饰等； 通过建筑成果评判

成果要求：图纸可徒手绘制，需标注尺寸，图纸比例自定，A1图纸绘图。
成果汇报：学生讲解，邀请院领导及相关老师参加。

该教学实验成果（表2）主要体现在以下方面：

(1) 建筑体验。学生在1：1的空间中可进一步加深对空间概念、人体尺度和建筑构造设计的认知。

(2) 系统设计。课程训练试图通过设置接近"实战"的情境让学生了解与设计相关的一系列因素。设计是一种创造性活动，可以影响生活方式，同时受生产方式制约。设计过程需结合价值判断、平衡各方利益、进行投入产出分析，以产生最优方案。教师需要最大程度地尊重、关注、培养和发挥每一位学生的设计潜能及职业素养。

(3) 材料认知。本次教学实验要求学生综合讨论钢、玻璃、矿棉板、木材、砖等一系列材料特性，到市场了解、采购，充分考虑经济条件，针对建筑设计方案制订综合的材料使用方案。学生在建筑品质和可操作性之间找寻平衡点。

(4) 在"做"中学。建造教学强调学生在"做"中学习，场地选取、任务书制订、方案设计、施工图设计、施工及施工管理、落成典礼、布展、后期维护等一系列工作均要求学生独立完成。教学过程充分发掘学生自组织、自我学习的潜能，提升学生的组织能力；通过整合企业及校友资源，提升学生的沟通能力。

(5) 了解建筑生命周期的全过程。教学意欲让学生了解建筑从"前期策划"到"设计方案"再到"施工和建造"以至后期维护等建筑各环节的内容和相应方法。当建筑建成时，教学也要求学生对照明、水、电（施工同样需要接水、接电）跟建筑使用的关系进行初步的了解。

二、教学过程（表3，图2，图3）

教学安排 **表3**

指导教师	宋昆、胡一可
工匠师傅	荣师傅
相关领域专家辅导	于敬海（天大设计院，结构指导）、张大昕（天大设计院，施工图指导）、张宗森（构造老师）、苗展堂（构造老师）、杨向群（施工组织）。 指导教师指导的重点在于：结构选型、构造做法和材料选择
学生	2010级建筑学甲班34人
时间	2011年3月1日～6月10日，一个学期
教学环节	一年级下学期建筑设计初步课程
教学计划	1. 建筑认知（4周：2011年3月1日～3月29日） 2. 建筑设计（2周：2011年3月30日～4月11日） 3. 结构及构造做法研究（2周：2011年4月12日～4月26日） 4. 材料认知（1周：2011年4月27日～5月3日） 5. 结构及构造做法再研究及施工组织（1周：2011年5月3日～5月10日） 6. 施工（4周：2011年5月11日～6月10日）

3.1
建筑认知
世博会建筑概述
巴塞罗那世博会德国馆
绘制巴塞罗那德国馆设计图纸
3.30
建筑设计
德国馆转换设计
方案深化
方案组：
方案制定、选址、协调各组工作等
财务及后勤组：
募集资金、财务管理、概预算、
后勤保障
宣传组：
课程记录及影像图片资料收集、
策展、仪式活动组织等
4.12
结构&构造认知
具体分工：
方案组：尺寸
结构组：屋顶
材料组：柱子
施工组：基础
内饰组：家具
财务组：外墙
宣传组：内墙
结构组：
结构选型及构造节点研究；
确定相应方案
4.27
材料认知
材料组：
材料研究、选取适用材料、现
场材料调研
5.3
结构&构造做法研究＋施工组织
施工组：
施工计划表、施工组织
5.11
施工
基地选择
技术资料
施工准备
物资准备
施工现场准备
劳动组织准备
开工典礼
施工过程
竣工典礼
基础与底座
外墙
柱子
屋顶
内墙
家具
备注：各分组负责总控该方面的任务，在每个阶段都由全班同学共同参与，决策权在各专业组。由于宣传组的存在，课堂讲课记录、照片及影像资料得以完整采集及分类整理；由于财务及后勤组的存在，与设计相关的生活服务及财务管理井井有条，教学安排得以全面落实。

图 2　教学过程总表

图 3　教学团队师生工作期间合影

1. 建筑认知

教学首先对历届世博会建筑进行认知和分析，并对上海世博会中国馆进行评论，最终选定对现代建筑产生重要影响的德国馆作为建造对象，要求学生系统梳理其设计和建造过程。德国馆占地长约 50m，宽约 25m，由三个展示空间、两部分水域组成。主厅平面呈矩形，厅内设有玻璃和大理石隔断，纵横交错，形成既分隔又联系、半封闭半开敞的空间体系。德国馆在场地设计、空间组织、结构与构造、材料，甚至家具设计等方面都有很多独到之处，该馆的基础图纸存在较多版本，学生在研究的过程中需认真比对，并绘制准确的设计图纸（表 4，图 4 ～图 8）。

建筑认知教学安排　　表 4

任务书	对德国馆进行认知，要求准确绘制建筑的平面、立面和剖面，对自己感兴趣的 2 ～ 3 个空间进行表达，表现形式自定	
成果要求	图纸（A1）+ 模型（尺寸不限）；总平面图 1 ： 500，平、立、剖 1 ： 200；对尺寸进行标注	
参与评图老师	校内	袁逸倩、许蓁、赵建波、汪江华
	校外	吴放、张大昕（天大设计院）

图 4　德国馆建筑认知的课堂教学

图 5　世博会建筑认知的课堂教学

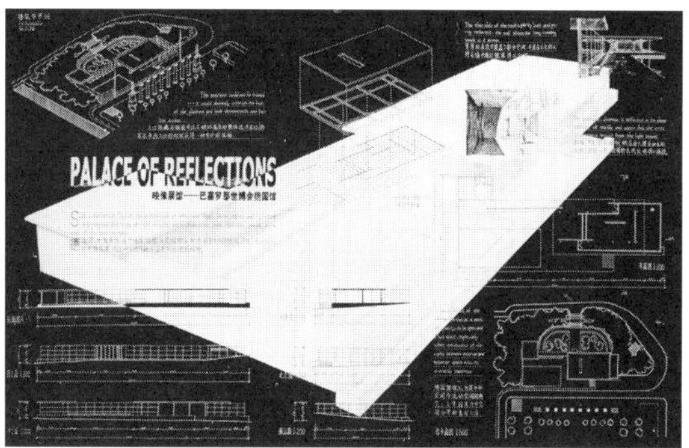

图 6　德国馆建筑认知的作业图纸（张天翔）

图 7　德国馆建筑认知的作业图纸（刘会欣）

图 8　建筑认知的评图过程

2．转换设计

转换设计，即对大师作品再创作。课程规定 30m×30m 的场地，让学生设计出自己理解的德国馆（表 5）。在无法进行建筑形式模仿的状态下，必须多方面了解原方案的设计精髓。为此，在教学过程中进行了全班的研讨，教学组总结学生关注的问题如下：建筑与周边环境关系；建筑空间组织（空间序列）；独具特色的结构与构造；材料运用。由此形成任务书，就上述四个方面对密斯的德国馆进行重新设计，让学生深入理解：

（1）原作平面组织和墙体布局的形成过程。

（2）平面及剖面的模数控制。

（3）比例。在客观分析的同时，也要求学生进行主观分析，如空间给人带来的感受，色彩、光线等的辅助作用（图 9、图 10）。

建筑设计教学安排　　表 5

任务书	某甲方想建造一个类似德国馆的建筑，但其只有 30m×30m 用地，针对此情况进行自主设计	
成果要求	图纸（A1）＋模型（尺寸不限）；总平面图 1 ：500，平、立、剖 1 ：200；对尺寸进行标注	
参与评图老师	校内	袁逸倩、许蓁、赵建波、汪江华
	校外	吴放、张大昕（天大设计院）

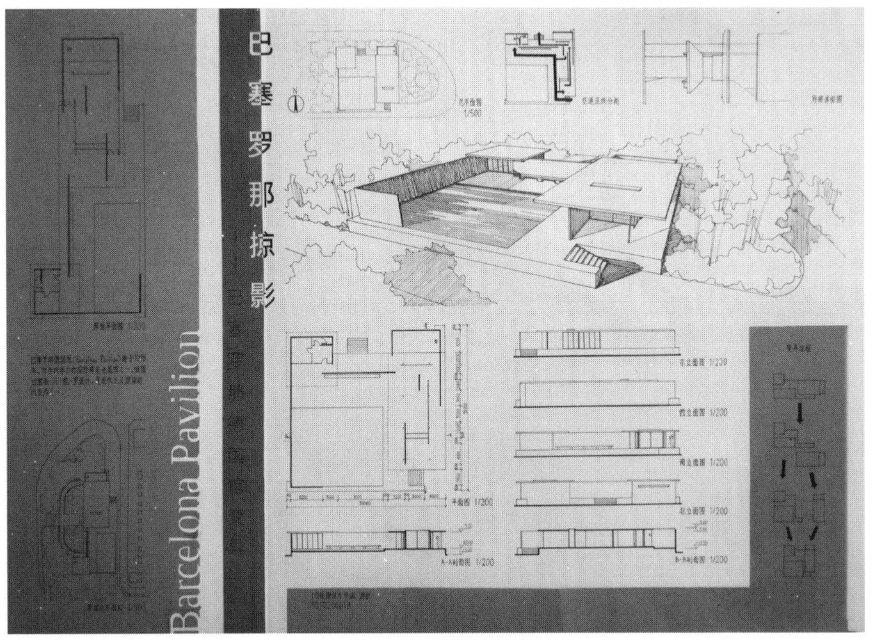

图 9　转换设计的作业图纸（游欣）

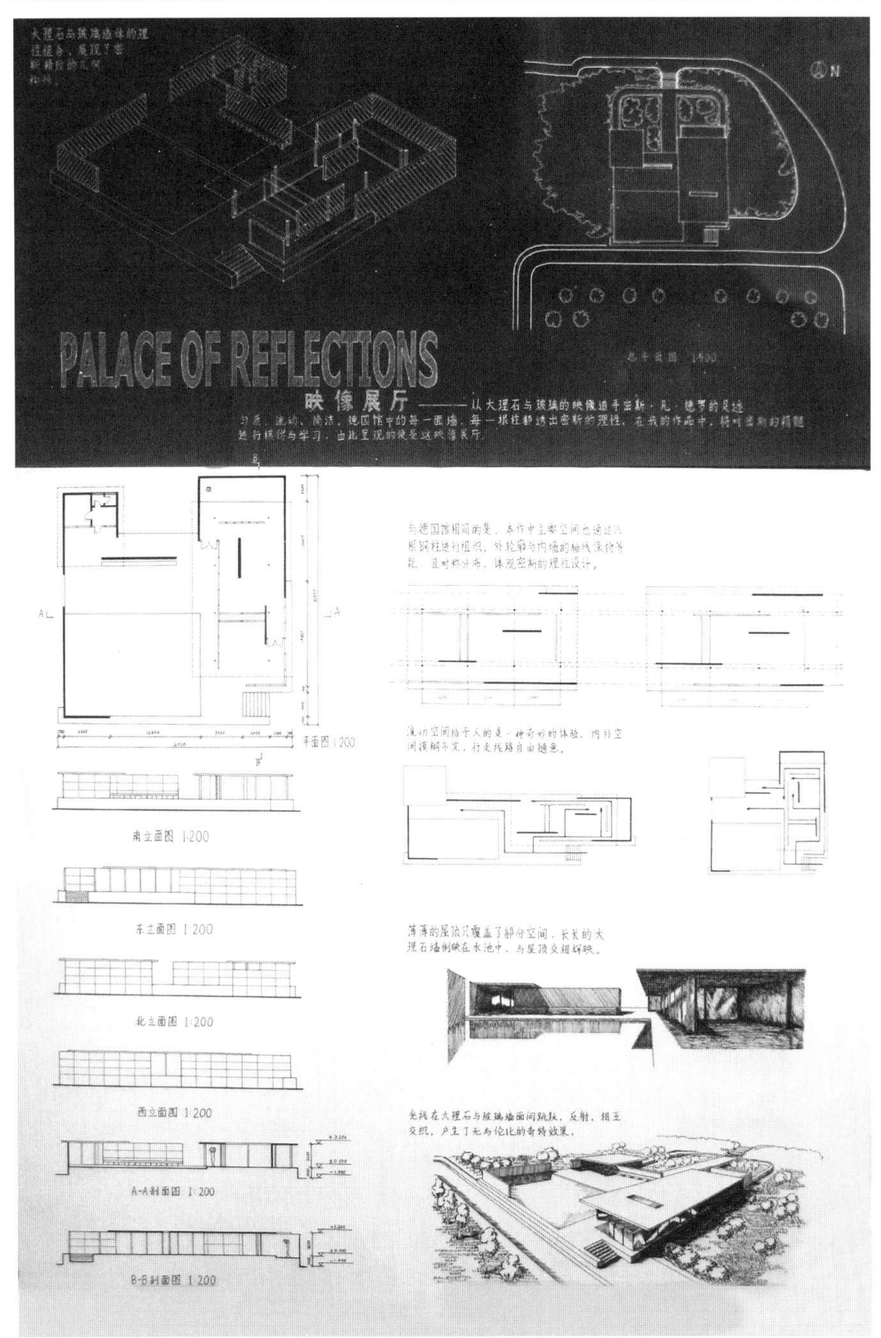

图 10　转换设计的作业图纸（张天翔）

3. 深化设计

经过建筑认知和转换设计环节后，同学们一致认为密斯的原德国馆更适宜作为建造实施的方案。因此重新开始深化设计德国馆，开始深入对结构及构造做法的研究。具体内容为对基础、柱、墙体、屋顶、内饰部分的建造研究。同时，课程安排中建筑材料的认知涉及结构材料、围护材料和细部材料。结构材料方面，对木材、混凝土、金属进行了研究；围护材料方面，对彩钢板、砖瓦、玻璃、阳光板进行了研究；另外，对材料的防水、防潮、防火、保温等性能也进行了分析。由材料组负责组织全体同学分组到材料市场调研，同时通过网上查询、电话向厂家咨询等方式了解材料的性能及价格。最后，根据已有的研究成果选取最合理、经济的材料进行建造。学生绘制可指导自己施工建造的施工图，虽不符合施工图制图规范，但图纸成果比规范要求更为细致（图 11 ～图 16）。

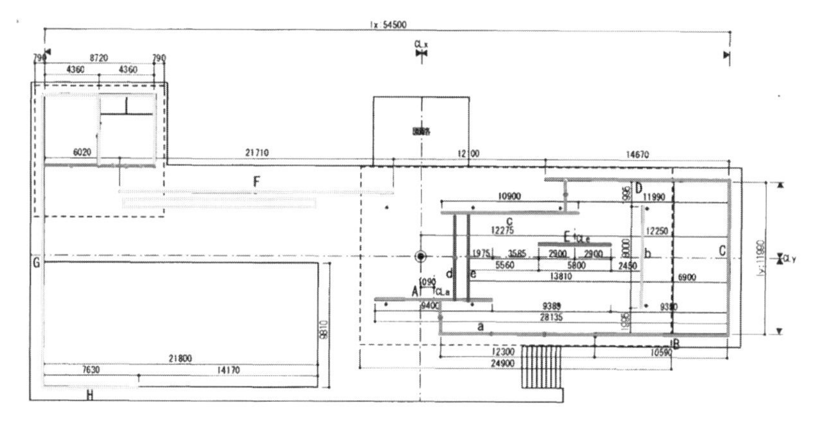

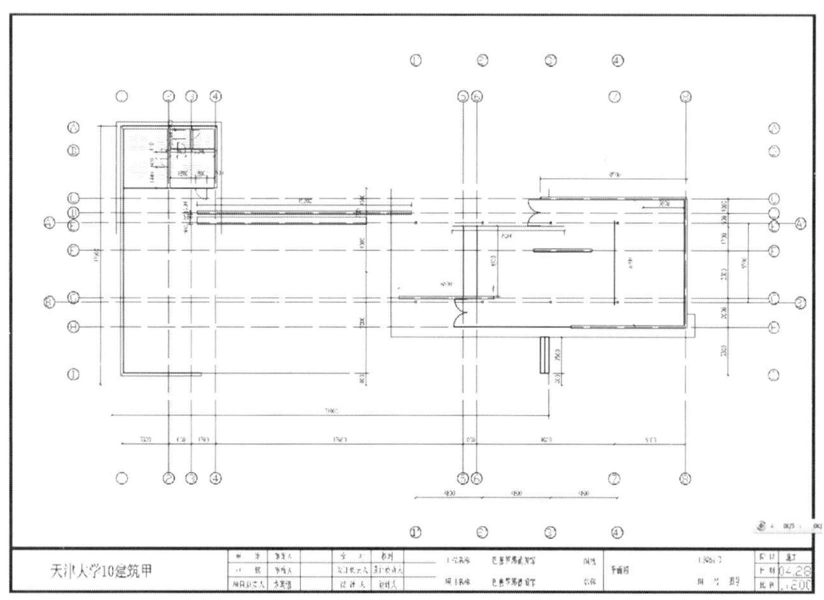

图 11　深化设计平面图（方案组绘制）

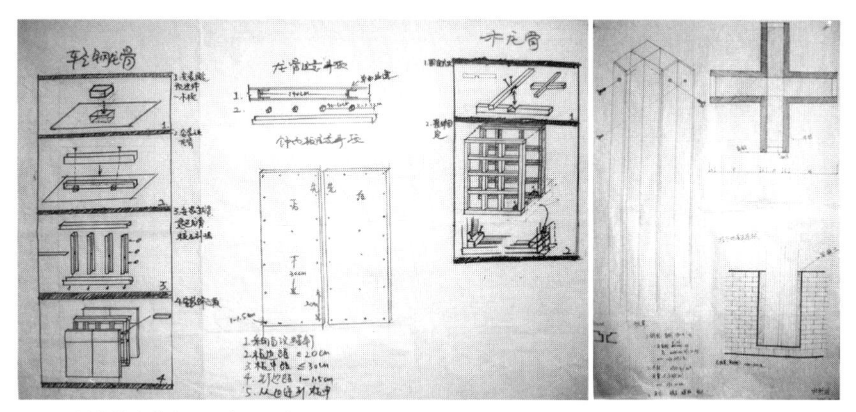

图 12　结构构造节点图（施工组绘制）

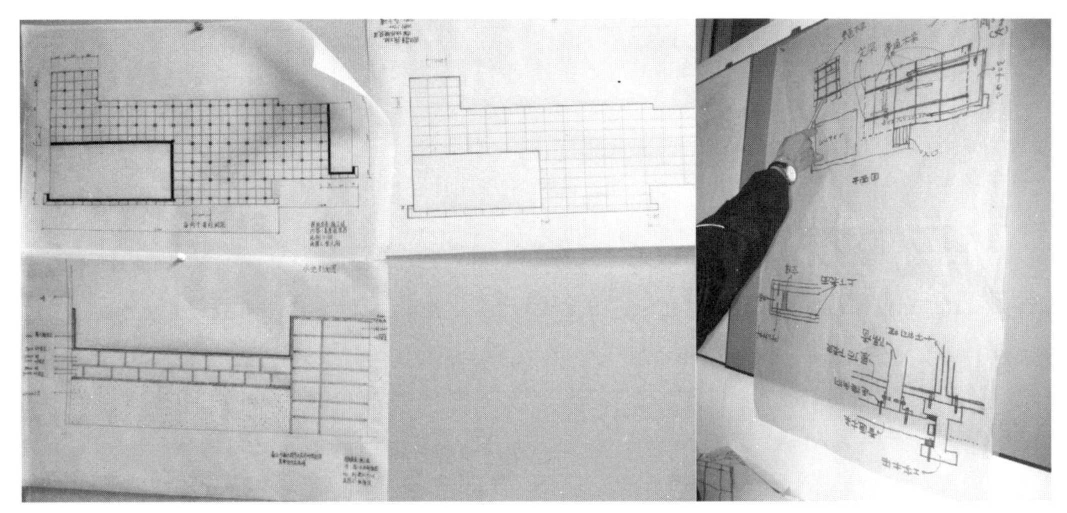

图 13　结构及构造做法图（结构组绘制）

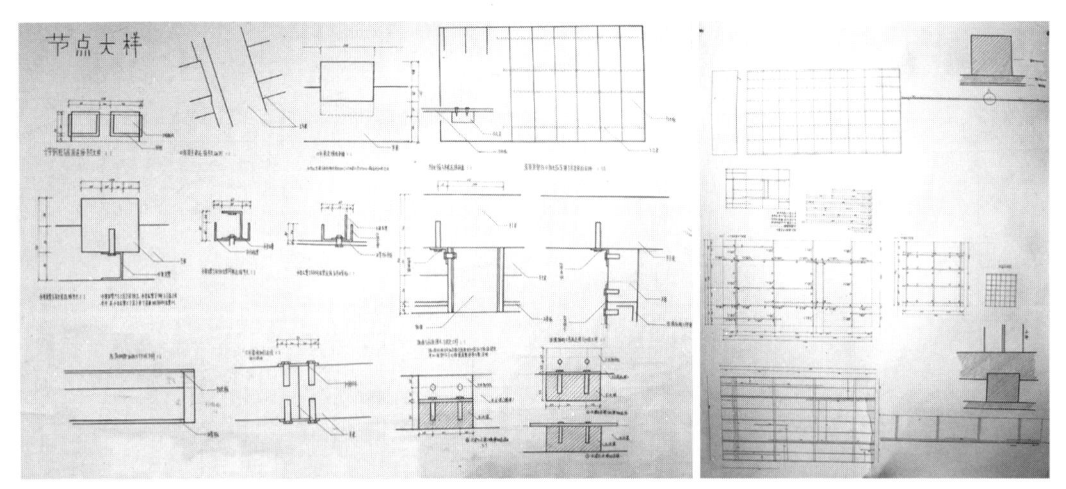

图 14　结构构造节点图（施工组绘制）

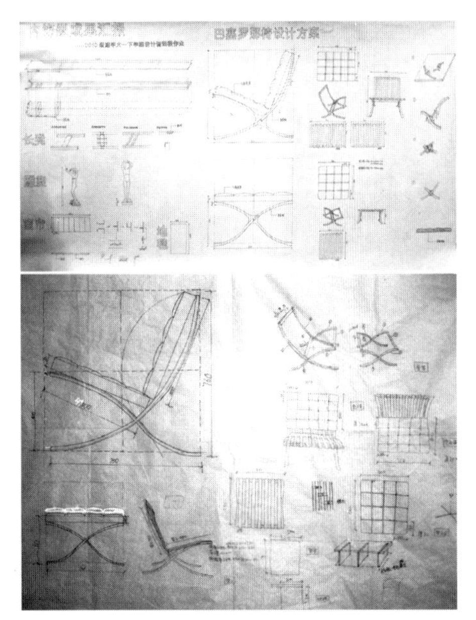

图 15　家具做法图（内饰组绘制）

图 16　专家会审图纸

三、建造实施

1．施工准备

在施工准备阶段，由教师牵头，方案组成员针对课程设计目标，以及策展及聚会等功能使用目的，根据设计方案及已有经费条件，结合校园具体情况提出项目的建议文件（提供

3个选址方案），整理形成立项文件呈报校基建规划处。校基建处回复场址选定于西楼操场，并提出建筑施工不破坏西楼操场地面、不影响正常体育活动及教学秩序，以及解决停车位问题等要求。具体施工准备过程主要包含以下内容：

（1）调查。学生对选定场地进行勘察，对可能影响施工的周围环境及障碍物进行清理，保证施工期间交通运输通畅。同时项目组对施工期间天气条件以及施工指导人员能力进行评估。

（2）技术资料。学生结合材料市场调研结果对施工图进一步优化。教师组织相关专家会审图纸，使学生进一步熟悉基础部分、主体部分、屋面及装修部分施工技术规范。同时财务及后勤组结合施工文件及选材情况编制施工预算。

（3）物资准备。学生首先需确定物资准备工作程序，具体包括编制物资需要计划、组织资源、确定运输方案以及物资储存保管、机具定位；其次需完善物资准备工作内容，具体包括建筑材料的准备（按工程进度分期、分批进行，做好现场保管工作，堆放合理，做好技术试验与检验工作）、预制构件与混凝土准备（门窗、商品、水泥制品等，需尽早摘录其规格、质量、品种、数量，制成表册，确定加工方案、供应渠道和存储方式）、施工机具的准备（提高利用率，不误生产、不闲置）、模板、脚手架准备。

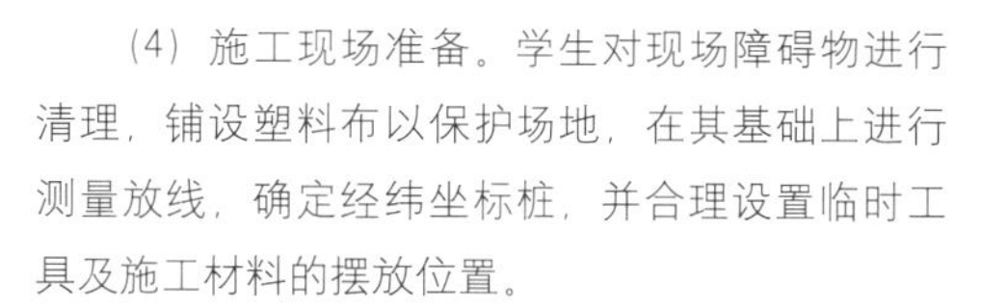

（4）施工现场准备。学生对现场障碍物进行清理，铺设塑料布以保护场地，在其基础上进行测量放线，确定经纬坐标桩，并合理设置临时工具及施工材料的摆放位置。

（5）劳动组织准备。学生之间分配任务，施工时先全场、后单项。与专业施工人员进行技术交底，并请教其相关施工技术问题。

2．施工过程

施工过程首先确定施工程序，先是基础工程施工，然后是主体及围护结构，最后安装屋顶以及室内布置。在方案由设计向建造转化过程中，纵然有对建造问题的缜密思考，仍遇到诸多实际问题，使学生深刻认识到建筑系统的复杂性。由于场地为塑胶地面，建造过程中避免影响场地日后使用，柱子结构以金属构件与地面连接，并以砖堆对其加固以解决柱子稳定性问题，造成经费超支。教学组因而通过降低高度、改变材料、改变连接方式等方法降低其他预算。建造通过砌砖及对轻钢龙骨石膏板、彩钢板围护结构加钢支架支撑增加墙体强度，应对风荷载问题；通过对钢屋顶、木屋顶、阳光板屋顶、帆布屋顶的优势劣势评价，确定使用钢屋顶，应对自重过大的问题。由于整体建筑缺少基础结构，钢屋顶在钢柱支撑基础上采取伞状结构的三角撑进行加固（图17～图22）。

图17　施工奠基仪式

图18　基础施工

图19　结构施工

图20　家具制作

图 21　落成仪式与外观效果

图 22　室内效果

四、总结回顾

本次教学实验的目标并非复原名家作品，而是搭建能够给我们带来真实感受和整体概念的大尺度模型，可以概括为：两个回归、两个铺垫、两个方法。

1．两个回归

（1）回归常识

学生们在接受建筑教育前的人生体验和知识积累是很有价值的，而进入建筑学习后，则被引导得将建筑高堂化、神圣化了。本课程教学希望剥掉建筑的神秘外衣，引导学生回到常识中，运用已有的知识和经验进行一次全过程的建造活动。

（2）回归本源

我们从来到人世间的那一刻起，所看到的世界都是三维的、立体的。而在学习建筑设计的时候，却是二维的、平面的，二者之间存在着本质性的差别。本次教学实验正是引导学生回到建筑本源，回到自己真实的感受中。

2．两个铺垫

（1）了解建筑的整体概念

建筑是一门综合性的知识和技能，在课堂教学中被拆解成建筑历史、建筑材料、建筑构造、建筑结构、建筑物理等支离破碎的知识片断，课程正是将相关知识整合起来，从整体到局部再到整体，进而形成整体性的认知，使一年级的建筑初步课教学为高年级专业课学习做好铺垫性工作。

（2）了解建造的全部过程

方案不是一切，建筑是从设计→建造→设备安装→室内外装修的全过程。而设计阶段又包括方案、扩初、施工图等环节，各环节中又包括建、结、水、暖、电等多工种。了解建筑的方案设计在整个建筑实现过程中的地位和作用，才能保证作品的完成度。

这样，使一年级的建筑初步课教学真正能够为高年级的专业课学习做好铺垫性工作。

3．两个方法

（1）在做中学（Learning from Doing）

很多教育家进行了该方面的阐述[2]，建构主义理论认为，"知识不是通过教师的传授得到的，而是学习主体在一定情景下借助教师和学习伙伴的帮助，利用必要的学习资料，通过意义建构的方式获得的"。皮亚杰认为，教育是认知发展的陶冶过程，就是创造条件。培养创造力、想象力、洞察力是课程的核心内容。

（2）把工匠请进课堂

"造型师傅"（教师）+"做工师傅"（工匠）是课程采用的基本形式。工匠的亲身传授施工经验，在整个过程中对设计人才培养意义重大。重形式轻工艺是引发建筑工艺技术逻辑缺失的主要原因，本课程引导学生关注以物质实践为基础的审美判断。

五、问题与反思

1．尺度问题。尺度太大，建造难度过高，尤其钢结构框架的施工环节不得不由建筑工人来完成，学生仅负责现场指导和协助，自身的参与度不高。

2．成本问题。建造资金来源主要是同学们向建筑设计企业和校友单位募集，但由于成

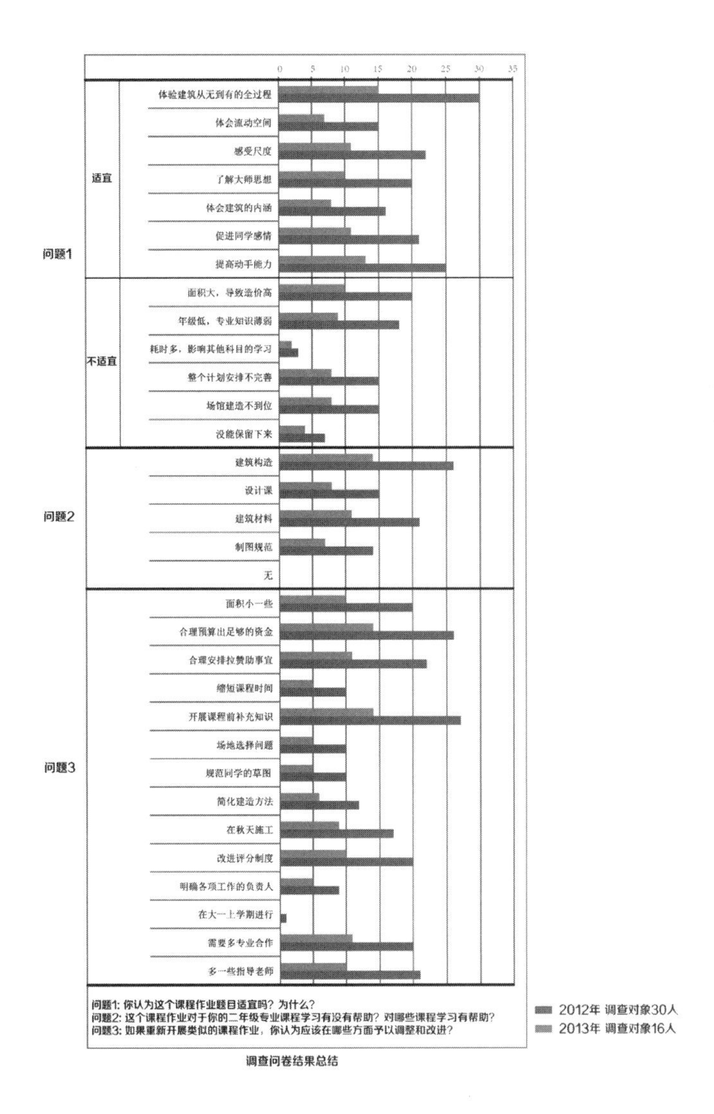

图 23　调查问卷统计

本过高，且同学不了解材料的市场价格，资金问题捉襟见肘。

3．法律问题。原计划建造一个临时性建筑，且向学校申请批准。但临时建筑也需要有施工许可且不能由未获得职业资格的学生承担建设任务，因此建造活动一直以建造大尺度模型为由，建成一个月后不得不匆匆拆除，避免出现不必要的法律问题。

一年级结束后，任课教师对本班的学生进行了跟踪调查，在二年级、三年级阶段发放调查问卷（四、五年级发放后回收份数过少），希望能够了解学生在一年级建筑入门阶段所进行的全过程的建造体验，对他们后来的专业课学习以及对建筑学的整体认识有什么作用，并希望在今后类似的教学活动中吸取经验教训，以期更好改进（图 23）。

（感谢张天翔同学详细记录下这个课程设计的全过程并参与论文基础资料的整理工作，使我们在几年后再回顾这次课堂学习过程仍然历历在目。本文图片都由宣传组拍摄）

注释：

[1]（美）克里斯·亚伯著．建筑与个性 [M]．张磊等译．北京：中国建筑工业出版社，2003：41．

[2] 如"手脑联动，学做合一"（黄炎培）；"教育的艺术不在于传授，而在于激发与鼓舞"（19 世纪德国著名的民主主义教育家第斯多惠）；"教育的最终目的不是传授已有的东西，而是要把人的创造力量诱导出来"（德国教育学家斯普朗格）；杜威主张"教育即生活"，"从做中学"，"教育即经验的改造"；"知之者不如好之者，好之者不如乐之者"（孔子）；"成功的教学所需要的不是强制，而是激发兴趣"（托尔斯泰）；"兴趣的源泉在于应用"（苏霍姆林斯基）。

作者：宋昆，天津大学建筑学院　教授；胡一可，天津大学建筑学院　副教授

东南大学—加拿大英属哥伦比亚大学 2015 年国际木构建造营

韩晓峰　屠苏南

International Wood Construction Studio Between SEU & UBC at 2015

■摘要：本文介绍了东南大学与英属哥伦比亚大学两校建筑学院基于木构设计建造国际营的课程组织。并结合 2015 年举办的联合课程详细解读了课程中各个环节的主要内容。

■关键词：木构　建造营

Abstract: The paper introduces the wooden based joint studio between Southeast University and University of British Columbia. In terms of the 2015 joint—studio, the author displays the detail content of this course.

Key words: Wooden Structure ; Construction Studio

笔者与同事（2013 和 2014 年与朱雷、2015 年与屠苏南）主持的东南大学建筑学院与加拿大英属哥伦比亚大学建筑学院以木构设计为主题的国际建造营已经持续举办三年，课程设置实质性实现中国、加拿大两所大学的资源互补和联合设计，并实现课程设计付诸建造。

1. 课程架构

教学目标设定为设计和建造两个环节，设计环节中国师生赴加拿大与当地师生联合完成概念设计。在赴加拿大之前，加拿大木业协会上海分部协助课程指导教师，让学生熟悉木材料的基本性能和尺寸。研习营师生奔赴该协会在上海设立的木材加工中心，现场进行木材加工练习，亲手触摸木材。加拿大丰富的林业资源孕育的发达现代木构建筑是本次联合教学的基础。为了让中国学生能够现场体验这些日常教科书里没有的木构建筑的品质和建造技术，课程教学中的建筑先例分析、木建筑参观、木材料加工制造这些环节全部在加拿大境内实现，除去中国师生必须投入的大量精力和资金，这是中国学生得以在短短三个星期课程中迅速理解木结构建筑的最佳途径，这大大优于以往课程教学中依靠书本中的建筑案例分析的教学方法。木材加工技术的教学同样得益于英属哥伦比亚大学（UBC）校内林学院和建筑学院设立的先进加工实验室和加工设备，为设计过程中师生能够进行 1 ：1 尺度的模型制作、研究提供基础，大大优化了小尺度模型的教学方法。课程的建造环节，中国师生从加拿大返回中国，寻求本土的技术进行加工和建造，这不仅仅出于节约长期居住在加拿大的高昂费用，同时也是对本土建造技术的再次发掘，这使得该联合设计建造课程达到了提升和促进国内加工建造技术的作用。

2.场地

2015 年木构设计营的加方指导老师是英属哥伦比亚大学建筑学院的布莱尔·赛特菲尔德、藤本莫莉。双方指导老师首先共同为课题选择了三块特色非常鲜明的场地。第一块场地处于温哥华去往惠斯勒高速公路上一个休息区内（图 1），该区域处于印第安原住民文化区域内，因此场地具有实用需求并有文化意向。第二块场地位于太平洋海边的一个休闲公园内，原有一座长长伸入海湾的木栈桥（图 2），新的设计必须考虑如何与这个设施进行整合；另外这个场地处于大海与天空之间，自然景观的美完全呈现在场地内。第三块场地在 UBC 大学中央大道的主轴线往太平洋方向延伸的海岸边（图 3），基地地形高差复杂，植物茂盛。中国师生到达温哥华后，与 UBC 大学师生混合分组，并花两天时间驱车到场地进行实地踏勘，遥感拍摄，速写记录场地信息，为后续设计储存信息。

3.建筑案例参观

中国师生的课程前半程全部在加拿大进行，这为实地参观优秀的木建筑提供了可能。课程中安排的优秀木结构建筑分为截然不同的两个类型：大型公共建筑和小型私人项目。大型公共建筑有：2010 年温哥华冬奥会主场馆、Surrey 区商业综合体、Surrey 水上中心、Whisler 社区图书馆、UBC 林学院教学楼中庭空间。小型私人项目有：当地社区内一座私人住宅，该住宅的支撑结构虽然仍然采用混凝土框架体系，但是其围护体系、地板、家具等全部采用木材设计建造。大型公建的建筑空间大多意在用小尺度木材通过胶合和特殊的结构体系达到大跨度建筑空间，因此其内部空间充满结构体系和钢木节点的设计智慧，比如温哥华冬奥会主场馆建筑，跨度达到 100m 的主跨度梁，采取了创意非凡的小尺度木叠砌三角空间拱加下部张拉弦组合结构，使得结构体外观非常轻，却实现了巨大跨度（图 4，图 5）。小型私人住宅完全蕴含了另一个世界，它没有巨大跨度的需求，木材的日常化、生活化应用的潜力被设计师充分发挥，因此我们看到了小住宅中木材与生活的全方位整合，小到门把手，大到住宅木梁、院墙等构筑物。研习营到访了位于当地居住社区内一座用现代建筑形式语言设计的小住宅项目，因此其外观在周边全部采用当地传统巨大坡屋顶形式的住宅群里显得特立独行（图 6）。

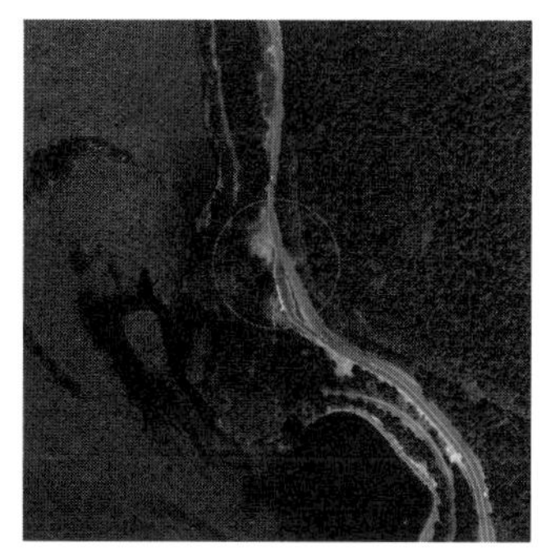

图 1　高速公路休息站

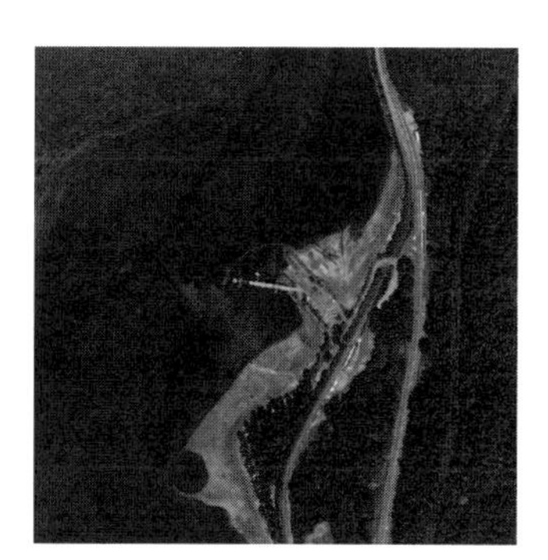

图 2　海边公园水上栈桥

图 3　UBC 校园中央大道尽端海边

图 4　位于列治文的 2010 年温哥华冬季奥运会场馆

图 5　场馆内景——屋顶木结构

图6　采用现代建筑形式语言的小住宅项目

图7　研习营学生参观加工建造公司

其建筑外立面采用深度碳化的松木作为外围护界面，大大提高普通木材的防腐性能。建筑内部的门、楼梯、家具、地板、扶手等细节设计几乎全部采用各种木材。课程设置中有意选择两个尺度类型的建筑物作为参观案例，意在使得学生更全面理解木材在建筑设计中的可能性。至于他们更加喜欢某个类型，则是个性使然。

4.木结构加工公司参观

与以往建筑设计课程的另一个差别是课程安排了加工建造公司的参观（图7）。在笔者看来，这个差别是国内大多数建造类课程非常缺少的重要环节。研习营到访了温哥华最大型的木材预制加工、钢节点构件预制加工企业，例如 Structure Craft，Fast+App 工程公司。令笔者感到惊奇的，大多数我们参观的大型建筑作品，竟然是由这家公司负责结构设计、材料加工、施工安装等一系列重大技术事务。如建筑参观中的温哥华冬奥会主场馆的主体结构是由 Structure Craft 公司进行技术研发，实际解决了巨大三角张拉弦拱的建造（图8）。这种大型预制加工企业是加拿大地区建筑工业化的承载体，它缩短建筑施工工时，节能，绿色且环保。这种类型的课程参观学习与课程设计紧密结合，大大优于我国教学体系中的工地参观类的课程。

5.工作室分组设计

课程设置中，将参观环节全部安排在设计开展之前。参观环节结束之后，便开始了中、加两方学生的混合分组，进行选择场地、案例分析、概念设计等课程环节。案例分析由每组自行寻找案例，每组协同工作进行作品分析研究。案例分析结束后，正式开始设计。概念设计的推进过程，经历方案的构思、调整，以及制作各种尺度的模型。值得一提的是，许多小组自行操作大型木材加工设备制作了1：1的节点模型，有力地支持方案

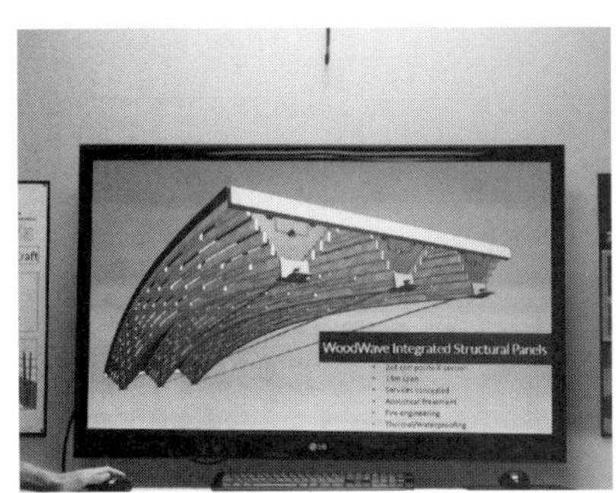

图8　Structure Craft 公司技术人员展示如何加工冬奥会主场馆三角拱

的设计深化。有些小组则通过复杂的工艺深入探索木材的物理性能（如曲形木加工），并得出意想不到的设计效果。笔者以其中一个小组的设计为例展示设计的成果。

该设计选择场地位于高速公路的休息区内，该区域也同时属于斯阔米什土著居民文化区。场地一侧接着高速公路，另一侧是山谷绝壁，面向遥远的山脉。该组同学抓住土著民文化中的图形特征，将文化纪念品中的双鱼造型巧妙提取，加以发展得到建筑形体；建筑表面的肌理取意于土著民的藤制编织体（图 9、图 10）。接着以基地环境中的地形景观深化调整建筑形体的剖面（图 11），得出最终建筑概念设计（图 12）。最具挑战的环节则是在于如何利用木结构实现建筑概念中的复杂三维曲面，小组同学做了 1 ：1 节点模型进行研究（图 13），帮助确定结构体系中各杆件的连接方式。

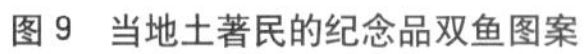

图 9　当地土著民的纪念品双鱼图案

图 10　当地土著民藤制编织箱

图 11　结合地形、视线、流线后的形体剖面调整

图 12　方案效果图

图 13　1 ：1 模型研究

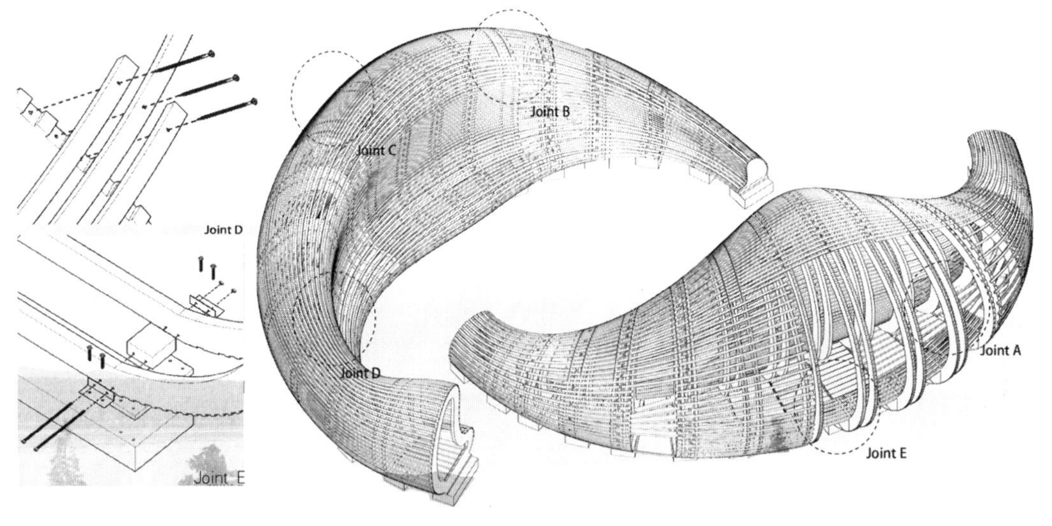

图 14　施工图深化，节点研究

6.施工图纸深化及建造

分组的方案设计经过两个星期的紧张工作，最终每组完满完成设计。指导老师共同选择适合进行施工图深化的方案。中国师生就此完成前半部分的国际联合设计阶段，返程回到东南大学建筑学院继续进行施工图深化设计。此阶段的挑战巨大，因为很多设计概念在温哥华有大型设备可进行加工。在国内，需要重新审视适宜的本土加工技术，在此基础上进行设计的深化，否则再理想化的设计概念终究因为无法加工而只能停在图纸上。本文简要展示部分深化设计图纸（图 14）。

7.总结

以木构为主题的国际联合设计建造营，是对实质性资源互补的国际联合教学模式的成功探索。以往两年的教学成果在国内设计作业竞赛以及国际、国内高规格展览中取得了非常优异的成绩（图 15）。到目前为止，该课程成为东南大学建筑学院课程体系中很有特色的课程之一。

图 15　2014 年木构研习营作品在上海设计周展示

（感谢加拿大木业协会对该国际木构研习营的全程帮助。）

作者：韩晓峰，东南大学建筑学院　副教授，香港中文大学　客座教授；屠苏南，东南大学建筑学院　讲师

碎木重生

——儿童活动微装置的建造及其学理

韩晓峰

Rebirth of the Splinters: The Construction and the Academic Principle of the Kids' Tiny Installation

■摘要：本文首先界定建筑和装置的差异，接着以笔者设计的儿童活动装置为例解读该装置从设计到加工和建造过程中存在的学理；并在结论之处得出，装置的建造是当下建筑教育的重要环节。
■关键词：建筑　装置　建造　学理
Abstract: At the beginning of the paper, the author defines the difference between building and installation. Then, in terms of a children installation made by author, the paper talks about the academic issues hidden in the design and construction of the installation. Finally, the paper concludes that the installation making is an important teaching method.
Key words: Architecture ; Installation ; Construction ; Academic Issue

1.微装置

本文微装置是指小尺度、短时间建造和功能相对简单的一种实体构筑物。之所以是装置而不是建筑（狭义的），主要是因为装置没有建筑所必需的气候界面。基于这点认识，笔者将实体构筑物分类为建筑和装置（非建筑）。广义视角下，传统的亭、廊、桥、榭皆属于装置范畴。基于人的使用方式的差异，实体构筑物可划分为建筑和装置。然而这并非意味着两者没有共性。如果从实体构筑物得以克服重力存在于地表的若干工程技术视角审视建筑和装置，则不难发现两者存在极大的共性：依靠物质材料及其结构系统将小尺度的构件集合为特定构筑物。构件的尺度决定了生产和加工它的工厂机器、运输它的设备等一系列的工业生产问题。所以，每一种材料都有其最大尺寸、常规尺寸，除此之外，只能进行特殊加工。设计的挑战正在于可以用于设计和建造的材料都是小尺度，而人类需求的构筑物尺度却越来越大。现代化之前的历史时期，按照杆件和砌块形成的两大建造系统同样成就了无数伟大的构筑物（不仅仅建筑）。笔者将结合自己完成的一个木装置讨论其中蕴含的学理。

2.跨度

跨度和高度是实体构筑物自诞生以来就面对的两个基本问题。跨度可以分为绝对跨度和相对跨度。绝对跨度指构筑物跨越地表的空间净长度，如万人体育馆跨越百米长度。相对跨度指构筑物跨越的空间净长度与所用杆件的尺度之间的比例关系。引入相对跨度的概念对于从事教学研究有重要的意义，绝对跨度是实际建筑工程领域的重要指标。显然，从事教学研究不可能依靠等比例实现设计构思来检验教学成果，而是通过模型进行研究。缩小比例的模型，同样缩小建造构筑物的杆件尺寸，这使得模型材料更容易获得。因此，模型的方法和相对跨度综合起来，可以更全面检验构筑物设计过程中的结构体系的有效性、合理性。举例来说，万人体育馆净跨度为 100m，结构体系为立体网架体系，其中所用的钢杆件直径可达到 15cm，长度为 2m 或者更大。以相对跨度来解读相同的体育馆，模型跨越空间设为 5m，模型杆件则应该控制在相对小的尺度范围内，如选用直径 1cm、长度 10cm 的杆件作为主要模型材料。如果做模型研究时不充分考虑相对跨度，选用了较粗、较长的杆件制作了同样 5m 跨度的空间，显然该模型选用的结构体系效率更低（导致实际建造耗费更多材料）。

3.儿童微装置设计

制作该装置的起因是 2015 上海设计之都展览中的一个关于绿色环保主题的公益装置展（图 1）。设计初衷是想利用工厂或者生活中遗弃的材料，设计一个可以用于儿童游乐的装置，使得参与其中的儿童在游玩过程中潜移默化与日常生活中常见的废弃材料亲密接触，进而在他们幼小的心智中建立起环保绿色的概念。

既然是实体构筑物，不仅仅是概念化的设计，该装置一定包含前文论述的工程学理，即材料、结构和连接的效率。由于笔者与木结构加工工厂的合作关系，自然想到用工厂切割剩余下的碎木块制作装置。木材是自然生长的材料，不同材质木材有天然各异的气味、纹理和颜色，这些蕴含的自然信息在儿童活动过程中会传递给他们，通过这样的互动过程，希望世俗眼光中的废弃木头转化为儿童眼中的亲密玩具。随即笔者统计了工厂废弃木料的常规尺寸，由于是切割剩余的料，长度在 20 ~ 35cm 之间（图 2）。为了提高装置结构体系的效率，笔者选取传统拱体结构营造整体结构系统；基于材料的材质性能和尺度的限制，笔者摒弃传统由细长杆件构成的桁架拱、砌体（石块、砖块）垒砌为拱壁的方式，而是创造性地将两种拱体系进行基于短木片的拉结，这大大提高了杆件尺度与结构跨度的相对值，该装置跨度达到 2.9m。拱体表面的木块不规则凸起，是源于木块厚度的差异，笔者在设计中结合功能需求（儿童攀爬时候手脚踩蹬点），将不同厚度木块均布于拱体表面，既利用厚木板整体加强拱体连接力，同时实现了拱体弧形表面的凹凸质感，为儿童的攀爬活动提供功能性支撑（图 3 ~ 图 6）。自此，以废弃碎木为材料的儿童活动装置经过拱形结构体系、儿童活动的功能需求的整合设计，得出了令人满意的成果（从后期儿童使用的实际效果得以验证）。

图 1　儿童活动装置全景

图 2　工厂废弃木料的尺寸测量与统计

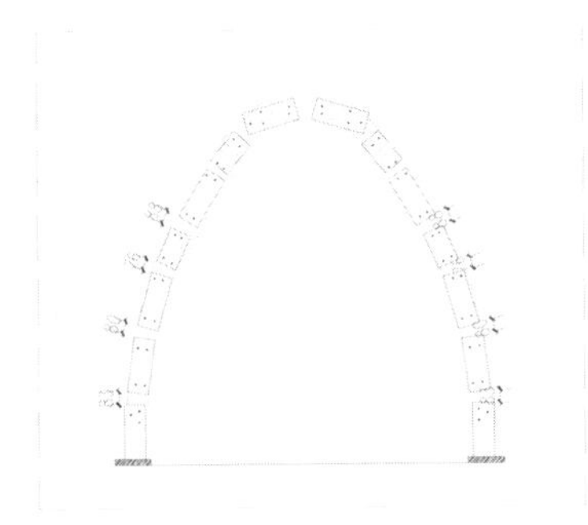

图 3　无踩踏面拱圈

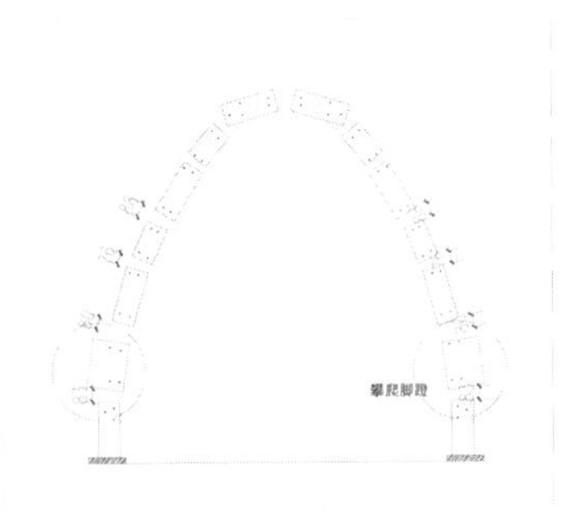

图 4　踩踏面在底部拱圈

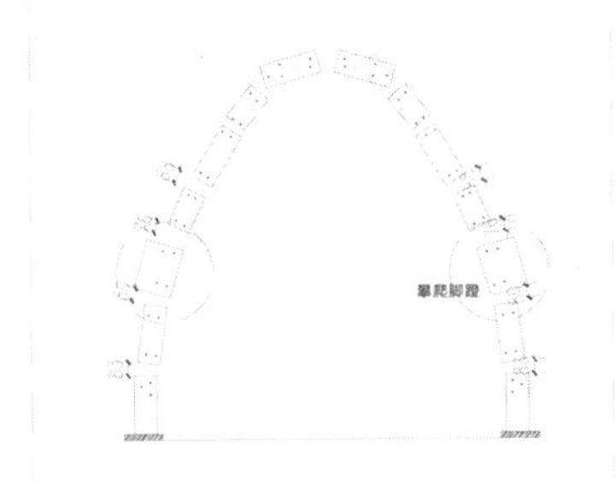

图 5　踩踏面在中部拱圈

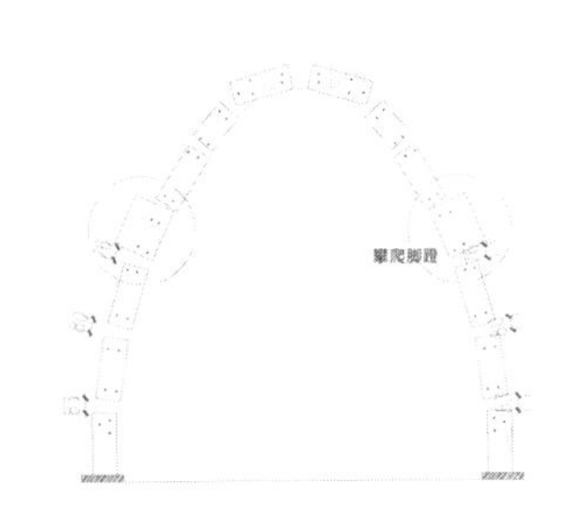

图 6　踩踏面在上部拱圈

4.制作

具体制作的程序与电脑中绘图的程序之间需要智慧地转化。

组成该装置的构件没有统一标准尺寸，都是 20 ~ 35cm 不等的小木板，如何实现众多小木板的整体连接成为关键。笔者与工匠充分沟通，将装置划分为三个分段分别进行预制加工。这同时为后期运输带来了极大便利，节约了运输的费用。分别加工三个分段落的方法和步骤如下：1. 将木块水平放置在地面，形成第一层拱形；2. 在上面叠加放置第二层木块，使得第二层木块连接第一层木块（以自攻螺钉连接），每层木块需要均匀放置厚度大的木块，使之合理凸出拱形表面；3. 叠加至 6 层木片时，将水平放置的拱体旋转 90° 站立在地表，此时所有碎木块已经形成通体连接的结构体，可以自由站立；4. 继续叠加木片，完成第一个片段制作，同理依次完成其余段落；5. 将几个段落拼合并链接为整体，装置形成（图 7）。

5.使用

该儿童装置在上海设计之都展览中参与展览，吸引了大量儿童在此活动。该装置中可以进行的活动包括：攀岩、攀爬、匍匐前行等（图 8）。展览完成，笔者将其捐赠给当地一个幼儿园，成为园内日常活动道具。另外，在 2016 年江苏园林艺术博览会中再造一座此儿

图 7　加工中的单元体

图 8　上海设计周中儿童在装置上活动

图 9　江苏园艺博览会重建儿童装置

童装置，放置在风景秀丽的苏州太湖边，装置周围约 500m^2 范围铺设白色细石，远观木装置像是自然地形中长出的小丘，它成为家长带领孩子进行游乐的特殊设施（图 9）。

6. 结语

儿童活动装置尺度很小，但是其中蕴含了实体构筑物普遍的学理，它以极小尺度的木板实现了大跨度结构体，证明其结构体系的高效率。同时，废弃碎木的巧妙再生设计，传递了绿色环保理念，使得该装置在严谨理性构筑内蕴含了人文关怀。以上可以看出，实体装置的建造活动是当代建筑教学中重要的一个环节，装置既不是建筑物的缩小比例模型，也不是建筑物本身，装置是一个蕴含建筑学学理的完整物体。

图片来源：

文中图片均为作者自绘或自摄。

作者：韩晓峰，东南大学建筑学院　副教授，香港中文大学　客座教授

从“平凡之路”到“生如夏花”

——建造实践中的“技”与“艺”之观察

薛名辉 陈旸 于戈

From Ordinary to Outstanding: The Observation of Technology and Art in Construction Practice

■摘要：建造实践目前已成为我国建筑专业教育中不可或缺的手段之一。本文在对近年来的建造实践进行观察的基础上，从“技”与“艺”两条相互关联的线索入手，总结出了“材料之本源”、“构造之精巧”、“空间之多义”三种以“技”为主的趋向，以及“艺术之普适”、“自然之回应”、“参与之精神”三种侧重于“艺”的关注；并以“平凡之路”和“生如夏花”来进行比喻性阐释，旨在提倡一种建造实践的综合性手段与多元化表达。

■关键词：建造实践 建造技术 营造精神

Abstract: Construction practice has become one of the indispensable approaches of architectural education in China. Based on the observation of the construction practice in recent years, this paper starts with the related clues of technology and art. Then it sums up the technology trend involved of original material, ingenious construction and multiple-meaning space. Besides, it focus on art concern consisting the art generality, nature response and participatory spirit. In addition, this paper use the "Ordinary way" and "Outstanding as the summer flower" to carry out metaphorical interpretation, to promote a comprehensive practice of construction means and diversified expression.

Key words: Construction Practice; Construction Technology; Creating Spirit

上古之世，人民少而禽兽众，构木为巢，是为建造;穴居而野处，后世圣人易之以宫室，上栋下宇，也是建造；传统宫殿的雕梁画栋，巧夺天工，为匠人所建造；乡土民居的白墙黛瓦，水上人家，为民众所建造；钢筋水泥、城市森林，是人类现代生活之建造；刷新高度记录，再创大跨空间，是人类面向未来、挑战自我的建造；自古溯今，人类之建造，一直就是改变世界的方式。

1.建造“技”与建造“艺”

随着全球化教育的普及，源自西方语汇中“tectonic”概念而产生的“建构”一词，早已成为当前国内各大建筑类高校教学体系的主线之一；而承载这条主线的一门主要课程便是“建造实践”。

始于2007年，至今已持续10届的同济大学建造节，应是国内较早将“建造”这一概念搬入教学中的尝试之一；经过近10年的发展，目前以瓦楞纸板为主的“校园建造实践”正如电视里那些选秀节目一样，火遍了大江南北。但当从如火如荼的“建造运动”中抽身而出，冷静地审视与观察时，这条以瓦楞纸板为主要材料的“建造”之路，虽繁荣兴盛，却不免有些“天下大同”，真正让人“脑洞大开”的作品，也因观者眼界与审美需求的提升而“凤毛麟角”起来，让人不禁唏嘘：前路究竟何方？壁垒如何突破？

笔者曾于2014年在《中国建筑教育》撰文《瓦楞纸板建造的平凡之路》，探讨了以瓦楞纸板为主要材料的“校园建造实践”的类型与特性，提出了“平凡建构”下的“不平凡建造”的观念。时隔两年之后，在更多了解建造资讯，并经历了多次带领学生参与各种机构举办的不同类别建造比赛后，深感“建造实践”的关键词在不停的演进，其中有两条主线愈显明晰，即建造“技”的把控与建造“艺”的追求。

建造“技”，来源于对材料本身特性的感知与熟悉，挖掘材料潜力来创造空间、形态是其主要规则，这也是大部分建造实践及训练的主旨，虽平凡，却重要。而建造“艺”，则多来源于材料的表观特性，主要指特定建构方式下所形成的建筑物或构筑物所具备的多维特征，体现着“不平凡建造”的立意与巧思，激发、传递着营造的精神——“虽短暂，却绚烂，生如夏花”。

2.坚守技术至上的“平凡之路”

平凡之路，难能可贵的正是“平凡”二字：勿忘“建造实践”之“初心”。即建筑几大基本要素“材料”、“构造”、“空间”，以及这三者之间的关系：以材料为源，用巧妙构造之术，筑多义空间；这也是以“建造实践”来承载课程，并作为一种创新式教学方式的根本。

2.1 材料之本源

“材料”一词，应该是建造实践中最为重要的关键词了，任何优秀的建造实践作品，都离不开对材料之本源，即材料的视觉与触觉效果、物理性质、加工方法、表皮肌理等特性的熟悉了解与熟练运用；也正因如此，这也成为建造实践突破壁垒的关键点。

2016年的同济大学国际建造节中，一大突破便是用PP中空板替代了沿用8年的瓦楞纸板。PP中空板，又名格子中空板、塑料中空板等，是聚丙烯原料掺和聚乙烯原料经过中空板生产线挤出而成型，是一种新型的环保包装材料，颜色多样，板质轻，韧性好，尺寸灵活，厚度可控（常见厚度为2～8mm），相对成本较低；而另外一个更棒的材料特性，便是相对于瓦楞纸板来说，这种材料防水性极佳；6月的上海正值梅雨纷纷，这种材料的应用可以有效解决建造作品防雨的烦恼[1]。

也正是这种材料，促使在本届建造节上，很多以往用瓦楞纸无法实现的创意得以纷呈涌现，为承载教学的“建造实践”打上一剂强心针（图1a）。如来自哈尔滨工业大学建筑学院代表队的一等奖作品《影·舞·莲》，便是充分利用PP中空板这种材料的弹性与韧性，构建了一个形似白莲花一样的构筑物。建造的创意源于材料实验中的一次“无心插柳”——小组成员偶然中发现，用电吹风对PP中空板加热，可以使其变弯，从而构建自由的曲面（图1b）；深入思考下，便挖掘出用铆钉在不同位置连接板片，当为其预加应力时，可以形成连续的曲面（图1c）；应力取消后，板片根据弹性回复原型。于是，一个大胆的“可变式装置”的创意最终形成，其“快速开合”的建造方式犹如莲花之绽放，辅以灯光，空间中充满舞动的光影，绚烂而神秘（图1d，图1e）。

2.2 构造之精巧

俗语说，巧妇难为无米之炊；但有米之后，何以“巧妇之炊”，才是决定一道美食的关键；若材料为“米”，则来源于材料特性的特定构造方式即为“炊”；而正是因为“炊之精巧”，才使得建筑艺术也如“川浙鲁粤”等菜系一样纷彩异呈、博大精深。

就像路易斯·康的那句名言“砖说：我想成为拱”中所言，不同材料有着专属的构造方式，而特定的构造方式也反过来决定着材料的形态呈现力。笔者曾在以前的文章中对目前高校教学中最为流行的瓦楞纸建造进行总结，提出了板片插接、梁板搭接、板柱搭接等板片式建造方式，以及立体板片、三角形体块、折纸形体块等建造类型。但无论哪种建造类型，能够通过构造的精致与巧思，完美契合材料特性，并产生丰富的形态呈现才是真谛，这也是后文建造“艺”的追求。

2014年哈尔滨工业大学建造节中，内蒙古工业大学代表队的一件作品《榫·为室用》至今让人难忘：借鉴中国传统土木建造固定结合器——鲁班锁——的独特结构，沿用其思、巧用其锁、构为其榫，由此而得的作品形态也仿佛带上了浓郁的草原风情，洒脱、不拘一格（图2）。而在时隔两年之后的2016年哈尔滨工业大学建造节中，一份有着异曲同工之妙的作品《叶满藩篱》也一

a）2016 同济大学国际建造节全景照片

b）电吹风对 PP 中空板加热

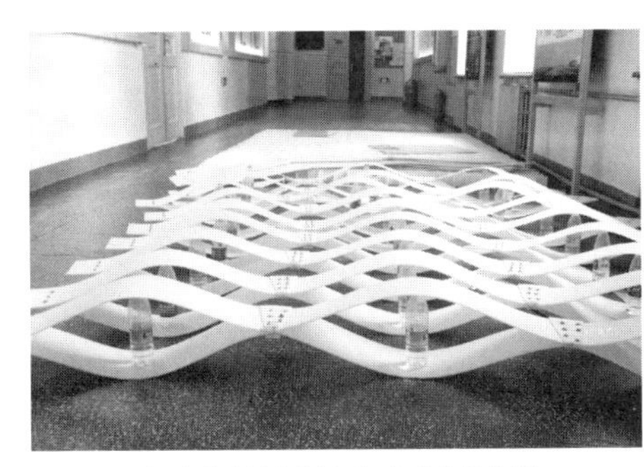

c）实验中施加预应力 构成连续曲线

d）建造时的整体形态

e）建成后的内部光影

图 1　2016 年同济大学国际建造节哈尔滨工业大学代表队作品《影·舞·莲》

致获得了评委们的青睐（图 3）。

除了“精巧”之外，还有一种构造之“妙”，往往会使得作品别有一番趣味。2016 年同济大学国际建造节中，作品《弦 STRING》正是因此获得了评委会的特别提名奖。妙处来源于对 PP 中空板这一材料的“非常规”的关注，在其他所有队都在关注“板”属性的时候，他们在关注“中空”，于是，红色的细线穿梭于中空板之中，成为其主要的构造方式（图 4）[1]。

图 2　2014 年哈工大建造节内蒙古工业大学代表队作品《椝·为室用》

图 3　2016 年哈工大建造节作品《叶满藩篱》

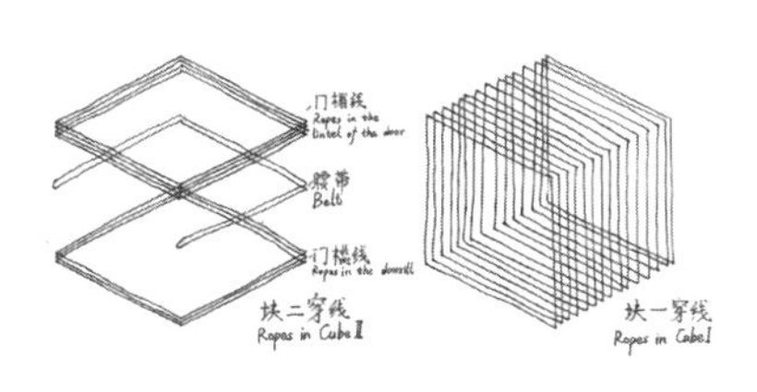

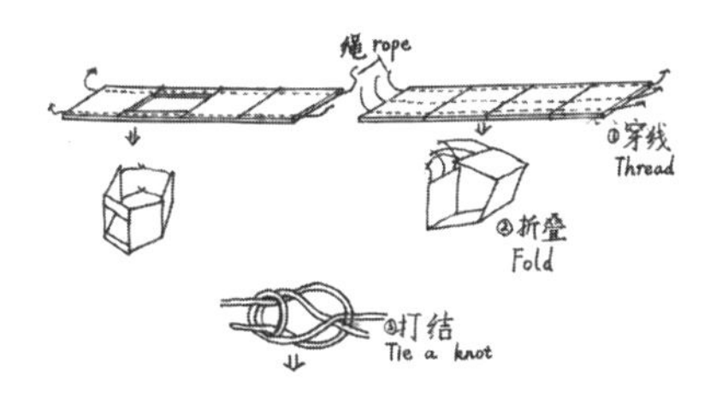

图 4　2016 年同济大学国际建造节作品《弦 STRING》的构造示意

2.3 空间之多义

自从19世纪末、20世纪初，"空间"一词进入西方建筑学的话题之后，随着现代建筑的发展，空间问题已成为建筑学之核心。建造教学中也不例外，创造出了何样的空间，一直是评判一件建造作品优劣的重要指标[2]。

一般的建造教学中，建造作品的尺度都不会很大，创造出的也大都是单一空间；在这样的条件限制之下，单一空间的"多义性"往往会成为创意的出发点。如2016年同济建造节中另一个来自德国魏玛包豪斯大学的一等奖作品，便是用PP中空板构建了9片不同尺寸的弧形单元，且在每个弧形单元后都设置了一个三角形的稳定构件，使得每一片单元体现出"开"与"合"两种状态；于是，内部空间就在这种简单的"开"与"合"中体现出不同状态，看似简单而随意，但配合上使用者率性的"真人Show"，场景生动、有趣，隐含着空间营造的精髓（图5）[1]。

而夏威夷大学的作品《秋风茅屋》则体现了对于空间多义性的另一种诠释：三个互相连通的空间完全内向，但却因顶部随性交织的中空板，让天空之光穿透映衬在中空板后随风摇动的树叶，自由自在地洒落下来；身在这样的空间之中，无时不让人感觉到神秘与美妙。如果说上文的"开"与"合"构筑了空间情境的多元，那么这里的光与影则承载着空间精神的多义（图6）[1]。

3.激发营造精神的"生如夏花"

"生如夏花"一词，源自一句美丽的诗"使生如夏花般绚烂，死如秋叶之静美"（原文出自泰戈尔《飞鸟集》第82首"Let life be beautiful like summer flowers and death like autumn leaves"）。歌手朴树则在他的歌中对这四个字进行了带有个人色彩的更为深入的诠释："一路春光，一路荆棘，终于到耀眼的瞬间，那划过天边的刹那火焰，夏花一样绚烂。"

以这样的视角来观察建造教学，不禁发觉每一份建造作品也正如夏花一般："临时搭建，定期拆除；过程维艰，惊鸿一现"。但也正是在这短暂的存在中，每份作品，无论建造成功与否，都拥有着绚丽繁荣的生命，在阳光最饱满的季节绽放，如奔驰、跳跃、飞翔着的"构筑精灵"，以自己本身所蕴藏的营造精神，来诠释建筑的各个面向。

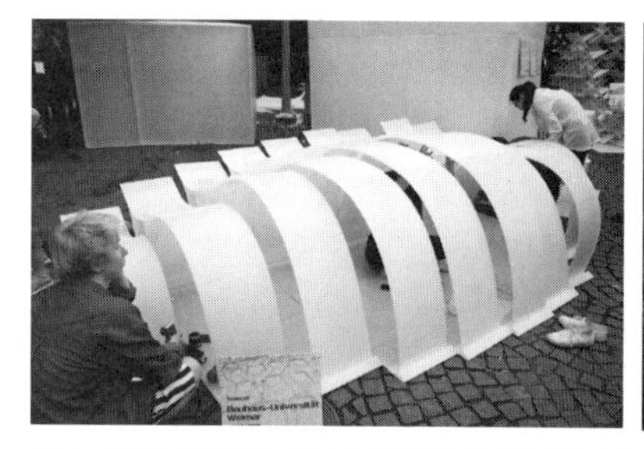

图5　2016年同济大学国际建造节魏玛包豪斯大学代表队作品

图6　2016年同济大学国际建造节夏威夷大学代表队作品《秋风茅屋》

3.1 艺术之普适

一份建造实践作品，因其适人的尺度，使得其形式的表达成为其外显的第一面向；而形式背后的意含如何，则决定着建造作品的公众接受度；从这一角度来看，“艺术”一词也可扩大至建造的“公共艺术性”，也就是艺术的普适性。

2016 年，由福建省学生联合会、中建海峡建设发展有限公司等组织协办的第三届海峡两岸大学生实体建构大赛提出了如下的建造主题——“实·农”，要求以宝岛台湾盛产的农作物作为概念，并撷取造型与纹理等特征发展实体建构作品，并思考台湾地区农村活化与再造的可能性，提供随不同季节的农作型态与需求的临时性空间，创造农村乡镇地景的新风貌。

台湾地区有着丰富的农作物产，加之对这些物产的热爱，以这些物产为概念的文创设计比比皆是：如“黑生起司”所设计的“果·皮杯 Fruit and Vegetable Peels”作品，便是将生活经验连接触感的使用记忆，观察并抽离以转换手感，并运用陶瓷的自然特性，将 6 种果皮的纹理转化与杯体，旨在吸引对“物有品亦有藏”的消费者（图 7）[3]。

图 7　果·皮杯 Fruit and Vegetable Peels 作品

从这一角度来联想上文提到的建造比赛，造型设计的意含表达就跳脱出传统的构筑完整性、材料适切性、构件创新性等评价标准，成为本次比赛的关键点；而在贴合这样的要求之后，建造出来的构筑物则将具备相当的功能性与艺术性，更类似于一件公共艺术作品，是地域文化下的乡村环境与公共人群互动交流的场所。于是，哈尔滨工业大学建筑学院的一组师生做出了主题为“田园乐高”的回应：设计出一系列不同形状、尺度的基本木构件，并通过这些构件的不同组合，形成不同的空间类型与造型意含。如形式感源自凤梨切片的休息站空间；源自高丽菜叶片的小型乐园；源自释迦果表皮的草垛空间；源自橙子切片的更衣室；以及源自莲雾剖面的牛棚（图 8）。而在现场搭建时，综合建造时间及材料准备情况，搭建起了以“乡村休憩站”为主题的作品（图 9）。

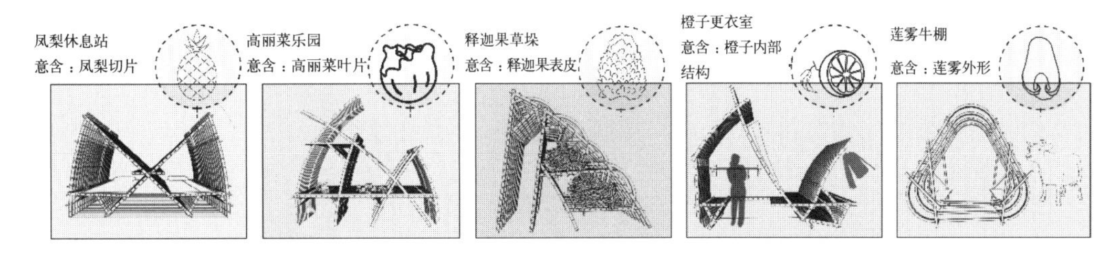

图 8　“田园乐高”中的各种组合

图 9　现场搭建作品“乡村休憩站”

3.2 自然之回应

近年来，随着建造教学的逐步升温，许多建造实践都开始走出城市或校园，去广袤的自然中去寻求更为真实的环境，以建造作品的“在地性”去寻求对自然的回应。

“自然是空间与时间的总和，在天地之间、时节之序中生息变幻。农耕与建造曾经是人类可以祈求的最好的工作，人们根据自然的生息和地境的脉理劳作休养，人的需求与自然的给予取得平衡。”

上文这段话，即东南大学建筑学院 2016 年研究生课程“生息建造”的概念阐释。该建造教学选择在中国稻作文化最发达的江南——浙江临安的山区和江苏宜兴的湖网水田，以当地的原生竹材为材料，承袭朴素便宜的传统工业，在山间田头为农场设计并建造了 6 座兼具养鸭、观景功能的竹构设施（图 10）；并以这样的切身经历，寻求着对人与土地、生产与生息、建造与自然间关系的理解[4]。

竹，汲取自然的灵华，在时节的节律中生长，与自然生息休戚与共；当建造寻求回应自然之时，竹材就成为最具永续性的自然材料。无独有偶，2016 之盛夏，在贵州黔西南自治州的楼纳村，又一场以竹为材料的“步履乡村”式的微建造拉开了帷幕。哈尔滨工业大学代表队作为建造队伍之一，备感荣幸之余也充满压力。

队伍中的大多数都是土生土长的北方人，谈及乡村，所能找到与之关联的词汇无非“自然”“孤离”与“纯简”；当来到楼纳，群峦林峙，氤氲雅逸的光景在重复的山际线间被不断延长，一幅中国南方真实的乡村图卷铺展开来，模糊了时间，温暖了此间岁月；与西方文明中那种不断向上生长、问询宇宙的形式不同，这种图景是基于大地而生，不断向下，匍匐于大地而存在；于是，如何能够使得人工建造介入其中并与之相谐，是设计思考的关键点。

于是，当地传统民居石板房的形态、传统的巢居形式、梯田水平线条的节奏，都成为作品《乾庐纳坤》的理念之源：双重界面之间，自由曲面穿插其中，分割纵向空间的同时也丰富了内部界面形态；竹排作面，光线从竹间缝隙渗入“天地人合”的黔地之“庐”中，容纳着“四时五景”的乡村万象之“坤”（图 11）。

与其他位于楼纳的十几组建造作品一样，《乾庐纳坤》也经历了艰苦但有趣的 20 天建造过程，由于场地、材料等因素的限制，最终呈现与初始设想存有一定偏差，这也是大部分作品面临的共性问题（图 12，图 13）。但回眸整个楼纳国际建造节，相较于建造出来的装置，整个 20 天的建造过程更像是一场群体性的行为艺术，以竹建筑为附着，表达对于乡村文化渐渐衰微的思考，而这正是建造回归“自然”的意义所在。

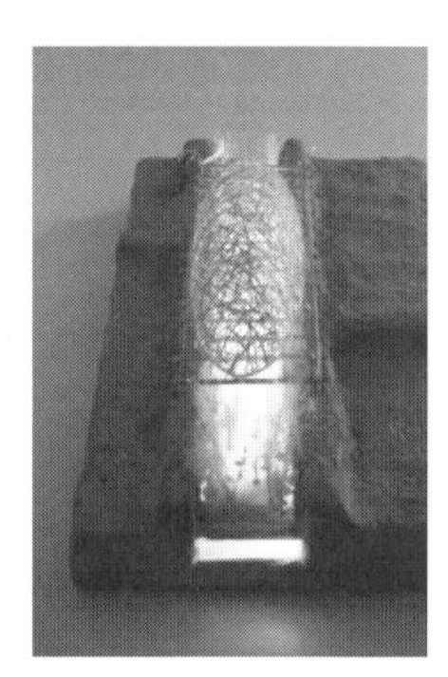

a）作品《茧寮》

b）作品《竹浪》

c）作品《竹径扶疏》

图 10　第十五届威尼斯国际建筑双年展平行展“共享·再生”上的建造作品模型

图 11　首届楼纳国际建造节哈工大作品“乾庐纳坤”效果图

图 12　作品“乾庐纳坤”建成后效果

图 13　内部空间预期效果与建成效果对比

3.3　参与之精神

除去上文所提到的艺术之普适、自然之回应，还存在着一种建造实践类型，过程相较于成果呈现更为重要，因为整个的建造过程中包含着大量的公众参与行为，介入“参与之精神”，使得建造的成果得以服务于民众，回馈于社会。

台湾地区中原大学，一直以“全人教育”为宗旨，以培养学生的“真知力行”为教育目标，于是，各系所的教学凸显出这样的特点——注重社会服务与民众参与。如设计学院景观系已坚持十年的特色课程“大树教室——参与式设计工作坊”，便是通过参与式的设计与建造，逐步去改善校园空间、社区空间，提升对环境的认同与关怀。恩慈小门位于中原大学校园外三条巷道的交接处，是从校外生活区出入设计学院片区的主要通路。2006 年，为了减少威胁人身安全的视觉死角，创造更为适宜的校园空间，“大树教室”将这一节点作为主要目标，在征求相关师生的意见之后，全民齐动员，进行了一系列校园建造：拆除围墙上段，并在降低后的高度上铺设木板；整合围墙前空间，形成小块场地，并增加座椅。整个建造过程并没有任何可炫之“技”，但却以平实的手法，创造了丰富、惬意的等候空间，意义非凡[5]。

同样是在台湾地区，台南市最北的区域有一个名叫“土沟”的小村庄，以稻作生产为主业，全盛时期村里约有 300 多头水牛；但如今，人口老化，传统农业衰退，全村仅剩 1 头水牛，这是何等深刻伤感的社会文化象征。2002 年，台南艺术大学建筑艺术研究所的学生，走进村庄，借助台风中牛棚被毁的契机，决定为水牛重新修建一个“家”。他们根据参与式设计的原则，经过现场调查、需求访谈、模型制作及现场讨论后，选择了当地最为传统的工艺——“土埆”（由黏土、稀泥、砂、稻草、粗糠、牛粪、水混合搅拌而成的土砖）作为牛舍的墙体，希望用这样有意义的建造方式来维系村民的参与热度（图 15）[6]。

a）原状为围墙

b）建造过程

c）建成后空间

图 14　中原大学恩慈小门参与式建造过程

图 15　土埆的制作过程

图 16　村庄公共活动空间

图 17　村庄客厅

而正因如此，村里好多老人的记忆被唤醒，有人记得土埆的尺寸，有人能说出制作的材料、做法与流程，有人建议该准备的工具，有人愿意担任现场的指挥。于是，通过一次不同的建造材料的选择，促使了村民的参与，重新唤起了村庄里已式微的聚落精神，也带动了后续一系列改变乡村的建造活动的发生：如荒废猪舍变身文化空间，老旧厂房变身公共活动空间（图 16），屋角空地变身村庄客厅（图 17），以及一次名为“水水的梦”的土沟变清渠的大型活动。

4.结语

综上，建造之术，“技”为内功，平凡中承载建造真实；“艺”为章法，夏花般展现建造意蕴。统一在建造教学实践中，两种关注实则殊途同归，都是希望学生在这样的实践过程中追溯建筑本源，唤回工匠精神。而在这样的过程中，若能“剑气双修”，以材料的本源回应自然，以构造之精巧催生艺术，以空间之多义带动参与，我们的建造实践定然能够永续前行，虽平凡之路，却生如夏花。

注释：

[1] 同济大学新闻中心．中外青年学子同场比搭 58 栋建筑——2016 同济大学国际建造节圆满举行 [EB/OL].[2016-06-14]. http://news-caup.tongji.edu.cn/news.php?id=5190.
[2] 朱雷．空间操作——现代建筑空间设计及教学研究的基础与反思 [M]. 南京：东南大学出版社，2010.
[3] 不二堂．台湾种出好设计，黑生起司 hesxhers group 专访 [EB/OL].[2015-06-09]. http://www.ateliea-tea.com/newsInfo.php?cls=N000002&cls2=S2000001&id=23.
[4] 东南大学建筑学院．“生息营造”获得“2016 年亚洲建筑师协会建筑学生设计竞赛”中国大陆赛区第一名 [EB/OL]. [2016-06-09]. http://arch.seu.edu.cn/news/article.php?did=23&id=669.
[5] 中原大学景观系．2005 大树教室参与式设计工作坊 [EB/OL]. http://la.cycu.edu.tw.
[6] 曾旭正．新社会·新文化·新“人”——台湾的社区营造 [M]. 新北：远足文化事业股份有限公司，2003.

作者：薛名辉，哈尔滨工业大学建筑学院 讲师；陈旸，哈尔滨工业大学建筑学院 副教授；于戈，哈尔滨工业大学建筑学院 副教授

对木构建造教学的思考

——以山东省木构建造设计大赛为例

侯世荣　仝晖　周琮

Reflections on Construction Education of Wooden Buildings: Taking the Design and Construction of Wooden Building Competition of Shandong Province as an Example

■摘要：山东省大学生科技节（木构）建造设计大赛于 2015 年秋落下帷幕。这次活动属于课外建造教学的一部分，首次采用木材进行真实房屋的设计与搭建，在省内高校中取得了积极的影响。尽管如此，组织者在后续的走访之中发现了搭建成果存在的瑕疵与问题，通过对这些技术问题的梳理与归纳，从建造的视角出发剖析搭建成果中问题产生的根源，重新梳理活动中参与者与材料以及参与者之间的关系，指出指导教师在建造活动中的纽带作用，为类似建造教学活动的开展提供有益的经验。
■关键词：木构建筑　建造教学　材料　参与者
Abstract: Science and Technology Festival for University Students of Shan Dong Province (wood-type architecture) is ended in the autumn of 2015. This activity which is a part of extracurricular construction education and provides wood to design and build houses for the first time, has made a positive impact in universities. However, organizers who do the follow-up survey discover the problems in building results. According to analyze these technical problems, we find the reasons of the problems in the results from views of building construction. This paper aims at researching the relationship between the participants and the material as well as the participants and pointing out that teachers play an important role in the construction activities. The activity may provide useful experience for similar construction and teaching activities.
Key words: Wooden Building; Comstruction Education; Material; Participant

建造是建筑设计的最终目的。时至今日，绘图与模型仍是建筑设计教学的主要手段，但绘图操作与模型制作的方法终究不能取代真实的建造活动。为了重新建立学校教育与建造实践之间的联系，在我国的建筑学课程中开始流行建造教学，主要指在校园环境中搭建大尺度模型、装置，甚至建造可实际使用的建筑[1]。

山东省大学生科技节（木构）建造设计大赛属于课外建造教学的一部分，其实体搭建环节于 2015 年 8 月在山东济南龙腾公司举办。活动由方案征集开始，经历了方案选拔、设计图纸的深化、建筑材料的选备与加工，以及施工现场的搭建与组装多个阶段的过程，获得了高校学生及老师的积极评价。

一、提出问题

实体搭建环节采用混合编组的形式，以参赛小组为核心成员，各个高校的学生进行混合编组，在技术人员的指导之下进行房屋的建造。由于时间限制，搭建活动结束时，建筑仅完成了主体支撑与围护结构，门窗尚未全部安装，构造细节尚未完成。笔者于 2015 年 10 月、11 月多次探访搭建场地，当时建筑施工已经完成，三座建筑呈现出最终的形象（图 1 ～图 3）。

图 1　第一组活动结束与完工时外部效果对比

图 2　第二组活动结束与完工时外部效果对比

图 3　第三组活动结束与完工时外部效果对比

由图可知，活动结束与完工时建筑在外观、细节与色彩方面均有较大的改观。通过现场走访以及与施工人员的交流，笔者了解到后面施工中的问题，并对其进行了归纳与总结。主要集中在以下几个方面（表 1）：

搭建过程问题总结 **表 1**

	第一组	第二组	第三组
建筑结构	—	方形框架之间轻微晃动	柱子在水平方向晃动
构造细节			
	防水透气膜未卷入侧面	屋顶用横向顺水条容易积水	屋顶防水卷材选择有误
空间设置	一层未设置可开启的窗 室内空气不能流通	架空层高度过低	—

注：照片由魏全海提供

如果说学生在知识构成上存在问题，那么每个搭建小组都配备有经验丰富的技术人员，为什么还会在成果之中出现技术措施上的问题呢？这需要从木构竞赛的特殊性说起。相比于一般的建造教学，这次活动具有如下几个方面的特点：

1. 时间紧——活动要求入围复赛的参与者在一个月的时间内完成方案的深化、施工图纸的绘制、材料的下料以及建筑的搭建等多项工作，组织者还面临活动开营以及收尾等复杂工作（图 4）。

2. 人数多——参与者覆盖了山东全省多数建筑院校，其中不仅包括有高校的学生与教师，还包括龙腾公司的施工技术人员。参与者的类型与数量给建造活动带来了极大难度。

3. 难度大——从人与物的关系来看，搭建活动就是人与材料之间的互动环节。这次活动不是一次构筑物的搭建，而是真真正正的三座建筑物的搭建。设计和参与者需要考虑到材料的用料、受力、连接构造方式以及建筑的气候边界等多种复杂的技术问题。同时，由于木构建筑材料与施工的特殊性，指导教师不具备指导学生深化施工图纸的能力，这就需要施工技术人员的介入，无疑加大了活动的难度。

二、分析问题

活动过程中，参与者依据活动进程在每个阶段解决当时面临的具体问题，比如设计深

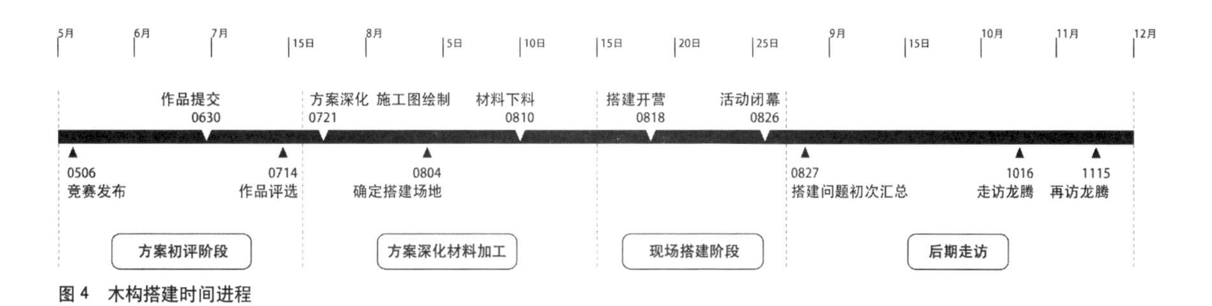

图 4 木构搭建时间进程

化的问题、材料下料的问题，这些问题往往是由时间、材料、参与者之间的多重矛盾混杂而成；活动结束后，从场地建造的视角解读搭建成果中出现的问题，则是从人与材料、人与人之间的关系中梳理相关矛盾，总结活动中的经验与教训。为期9天的现场搭建过程集中，体现了时间、材料、参与者三类要素之间的矛盾。

（一）参与者与材料之间的矛盾

但凡建造的过程，就是协调人与物之间矛盾的过程。参与者通过对材料进行了解、分类、组织与建造来完成设计意图。此次活动中的木建造主要指平台框架建造系统以及现代框架建造系统。这两类建造系统是用金属连接件，如螺栓、钉板或者型钢等，将各类胶合木产品如欧松板、木工板、密度板等进行连接的建造方式[2]。因此，主力的活动——学生与材料之间的矛盾就变得更加突出。这主要表现在以下几个方面：

1. 了解木材尺寸及受力特征。方案深化阶段，学生必须将空间概念转化成为基于木材的建造逻辑，这其中的关键就是对材料特性的掌握。支撑结构与围护结构分别需要什么材料进行实现？这些材料的尺寸对空间效果的营造能否达到设计预期？材料之间如何进行连接？学生在技术人员的指导之下解决材料问题，为搭建过程打下基础（图5）。

2. 工具的使用与操作。现场建造与课堂学习存在很大的不同。课堂学习的重点在于对知识点的领会与记忆，现场建造的过程重在对所学知识的实践。搭建过程中除了进行材料的运输之外，学生还需要掌握一定的工具使用方法以便将不同的材料进行有序的干作业组织。例如，钉子与锤子的使用、台锯与手锯的使用、脚手架的安装与使用等（图6）。

3. 安全问题。即使学生能够较为熟练地使用各类工具，也并不意味着搭建过程的万无一失。现场充斥着各种材料、工具与人员，这些都可能对学生造成安全隐患（图7）。同时，在组织某些材料时，还需要有保护措施，例如在处理岩棉材料时需佩戴口罩及手套，以防止颗粒材料进入呼吸道或者皮肤。

搭建开始之前，由技术人员现场进行工具使用方面的培训，并讲解施工时的注意事项，学生在活动进程中并未出现安全及基本操作方面的问题；建筑材料由龙腾公司根据深化图纸现场供应，这保证了活动的顺利进行。至此，人与物之间的矛盾基本得到了解决。

（二）参与者之间的矛盾

每个搭建小组的参与人员由2～3位技术人员、3～4名教师以及10名左右的学生组成。参与者之间的矛盾主要为指导教师与技术人员在知识构成与施工经验上的矛盾，以及技术人员与学生在沟通方面的矛盾。

1. 指导教师与技术人员在知识构成上的矛盾。技术人员富有施工经验，但是专业理论知识不具有系统性；教师在知识构成上具有一定的系统性，但对木构建筑的具体做法与施工过程缺乏了解。知识和经验的矛盾在此形成，这种矛盾集中体现在搭建前方案深化的过程之中。方案深化是学生、教师以及技术人员三个方面意见的协调过程，是对建筑结构、建筑施工、建筑构造等多方面知识的综合。学生是方案设计以及深化的主体，但方案阶段的创意不同于施工图纸的绘制，真实材料的介入以及细部节点的表达都需要施工经验的辅助。知识与经验的分歧具体体现在对建筑结构的选用上。入围搭建阶段的建筑方案在建筑结构上各具特色，不同的结构类型、木作工法以及紧张的时间周期，致使在方案深化过程中并未进行有效

图5　材料的认知

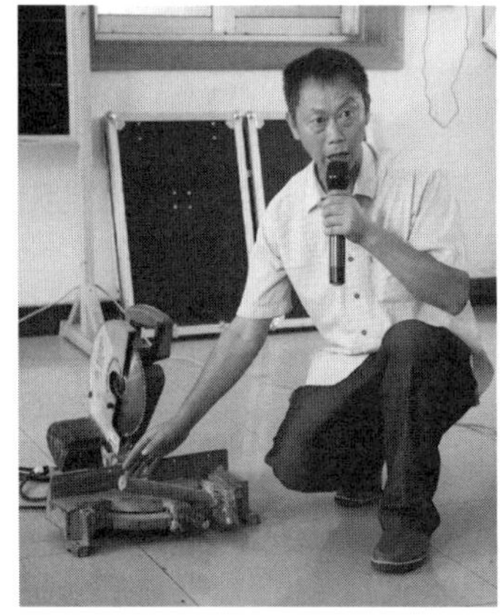

图6　工具操作讲解

图7　复杂的施工环境

图 8　框架结构建筑最终形象以及加固措施

的结构受力计算，技术人员凭借已有经验进行设计指导。这导致竞赛结束时，框架结构的木建筑存在一定的晃动，施工人员后期采用斜向支撑与金属件将柱与楼板进行了加固，将原有方案中低层四面透空的界面中的三面进行了斜撑的连接，这在一定程度上改变了建筑的形象（图 8）。

2. 技术人员与学生在沟通方面的矛盾。每个搭建小组由技术人员负责掌控整个建筑的搭建工序以及进程，指导学生进行合乎要求的施工作业。指导教师在搭建前负责指导学生深化图纸，在搭建过程中负责维持现场秩序、传递技术负责人的要求以及应对各种突发事件。技术人员具有丰富的施工经验，但在与学生的交流沟通上缺乏经验。由于时间限制，技术人员的精力主要放在解决技术问题、保证施工进度上，无暇顾及学生操作的规范程度。尽管学生逐渐掌握了基本工具的用法，了解了木建筑搭建的基本过程，但是施工过程中也出现了一些不合乎规范的操作以及不合乎建造逻辑的施工做法。例如钉子的分布数量，防水卷材的铺设方式，室内外高差的处理，防水透气膜与其他建筑材料交接时的做法，建筑屋檐的防水做法，等（表 2）。为了保证建筑长久使用，技术人员在竞赛结束后对上述问题中影响较大的问题，例如防水做法等进行了翻新或加固。

典型构造问题以及后期修改措施　　表 2

问题呈现			
问题描述	钉子数量不符合要求导致建筑框架局部开裂	雨水会沿缝隙渗入连接处	屋顶最低处卷材应上压下
修改	补救 / 增加钉子进行固定	补救 / 打胶密封	翻新 / 屋顶卷材重新铺设

三、结语

当今的建造教学活动体现出了新的特点，主要表现在建造活动的命题开始面向具体的社会需要；建造活动中的材料趋向于施工周期较短的材料，如竹、木等；建造成果的尺度变大、功能趋向于实际使用。其中，大尺度模型、装置的搭建一般仅需要学生与教师之间的互动；可使用建筑的搭建往往需要专业技术人员的介入。教师、学生以及技术人员的互动结果往往决定了短时间内建造教学成果的完成质量。在这次周期较短的教学活动中，学生、教师与技术人员由于交流不畅导致了搭建成果中的技术问题；方案深化过程中，教师与技术人员的无效沟通导致建筑中的结构问题；教师与学生之间

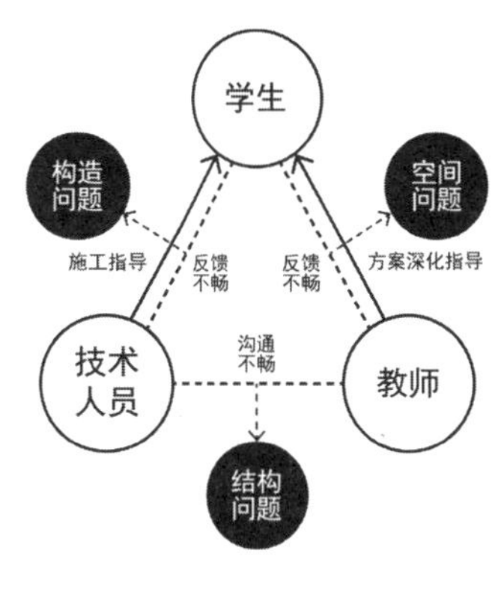

图 9　参与者之间的关系

交流不利，导致方案深化时对建筑空间问题的忽视，具体表现为建筑层高与开窗方面的问题；技术人员与学生之间的无效沟通，导致建筑中的构造细节问题（图 9）。在这三者之中，指导教师应起到更为重要的纽带作用。若指导教师能够掌握一定的木构设计知识，则方案深化环节中能够一方面指导学生进行设计深化，另一方面就具体的技术问题与技术人员进行沟通，保证图纸质量；在实体搭建环节中能够更加有效地与学生交流，保证施工的顺利进行。

尽管如此，相信随着建造经验的积累，教师们能够更加高效地处理人与材料以及人与人之间的关系，为今后课外建造教学活动的开展打下坚实的基础。同时，通过对这次活动的总结，可以为类似活动的开展提供有益的经验。

（感谢山东龙腾实业公司对活动的大力支持，感谢胡言、魏全海等人的技术指导）

注释：

[1] 顾大庆．绘图，制作，搭建和建构——关于设计教学中建造概念的一些个人体验和思考 [J]. 新建筑，2011（4）
[2] 朱竞翔．木建筑系统的当代分类与原则 [J]. 建筑学报，2014（4）

图片来源：

未注明出处的图片均由作者拍摄，表格由作者自绘。

作者：侯世荣，山东建筑大学建筑城规学院 讲师；仝晖，山东建筑大学建筑城规学院 教授；周琮，山东建筑大学建筑城规学院 讲师

完整而有深度的建筑设计训练

——同济大学二年级第二学期建筑设计课程教学改革

徐甘　张建龙

The Complete & Profound Training of Architectural Design: The Reform of Architectural Design Course for the Second Semester of the Second Year at Tongji University

■摘要：二年级第二学期是从建筑设计基础向建筑专业设计过渡的关键阶段，我们希望从建筑的基本问题出发，通过科学的教学组织和过程控制，帮助学生建立完整而有深度的建筑设计概念，建立概念、空间和结构、建造一体化的设计策略，以及持续深化设计的能力。
■关键词：设计课程　过程控制　完整而有深度的建筑设计
Abstract: The second semester of the second year is a stage of critical transition from foundational to professional architectural design. Through well organized teaching and strict controlled processing, we hope to start up from the basic issues on architecture, help the students to have a complete and profound concept of architectural designing, enable them to integrate space, structure and construction into one architectural design, and finally to let the students obtain the ability of continuous improvement of their designing.
Key words: Design Course ; Process Control ; Complete and Profound Architectural Design

在同济大学建筑与城市规划学院的本科生培养体系中，二年级第二学期是一个特殊的教学节点。此时，三个学期的建筑设计基础教学已经完成，学生们即将进入建筑专业设计阶段的学习。但是该学期的设计课程教学仍以设计基础教学团队为主，联合高年级和其他专业教学团队共同实施。

这个阶段的学生，已经初步具备了对空间及形态的感知和操作能力，掌握了建筑方案设计的基本方法和设计表达手段，也经过了基地调研、资料收集与案例分析的训练。因此，这个学期可以说是学生进行知识整理和自我设计方法建构的关键阶段，如何构建该学期的设计教学，就显得尤为重要。

从2016年开始，我们在二年级第二学期实施了一学期“大长题”的设计教学改革，旨在对学生进行完整而有深度的建筑设计训练。

一、教学改革的缘起

渐进式的教学改革，在同济大学建筑系是一种常态。而这次二年级第二学期的建筑设计课程教学改革，则是为了配合本科生培养计划的修编和教学组织的调整所开展的一次较为大胆的尝试。其缘起主要基于以下需求和思考。

首先，在早先的本科设计教学序列中，本学期的建筑设计课程基本延续二年级第一学期的模式，安排两个 8 周课程设计和一个 1 周快题，设计任务和成果要求相对偏于方案前期概念训练。但是随着"4+2"本硕一贯制的日益推进，客观要求建筑设计训练适当前移。从整个本科培养体系来着眼，学生们在经历了前三个学期的开放式教学之后，也迫切需要一个整理加固知识的环节。对于设计的高度（思想性）、广度（创新性）和深度（完整性）来说，这个阶段我们更需要让学生认识什么是系统的建筑方案设计，帮助学生建立完整而有深度的建筑方案设计理念。

其实早在 1956 年，冯纪忠先生就在其"花瓶式"教学计划中提出了"放—收—放—收—放"的设计教学策略，希望造就"既不谨小慎微，又不想入非非"的人才[1]。而二年级第二学期正是一个适合"收"的阶段，以此为三年级更好地"放"打下坚实的基础。

其次，在长期的教学实践中，我们发现学生在课程设计中表现出两个突出的现象。其一是学生们普遍依赖于从纯粹的"概念"或"灵感"进入设计，而且这种"概念"或"灵感"常常缺乏对于建筑所处真实场景的深入考量，以及具体建筑性质、功能特定需求的仔细研究，设计成果也就缺乏足以支撑设计概念的内在逻辑；与此相对应的是，那些所谓"形式感较弱"的同学则由于缺乏自信而对设计草草了事。其二是学生对建筑设计的完整过程和深度要求缺乏基本认知，建筑方案始终徘徊于浅层次的概念设计阶段，或专注于抽象层面的建筑形体和空间操作，不知如何进行深化；从而导致设计结果往往缺乏对于建筑物质性和建造可能性的具体而深刻的理解。

由此，我们认为在设计基础教学和专业的建筑设计教学之间，有必要切入这样一个教学环节，其教学重点不在于鼓励学生简单追求激动人心的概念，而是学会如何理性而逻辑地深入发展一个完整的设计方案。

以此为背景，课题组在建筑系教学主管领导和学科组责任教授指导下，组织骨干教师进行了多次教学研讨，制订了新的二年级第二学期教学计划，并在此基础上完成了教案设计。

二、教学改革的先导和准备

对于这一课题的教学研究和探索，其实早在 2012 年就已开始，即由王方戟、王红军和王凯等老师主持的实验班课程设计。但是即使在同济大学这样一个生源状况非常好的学校，学生之间的差异性还是一种客观存在。相对于平行班来说，在一个经过优选的学生群体所实施的教学实验，由于学习自主性和贯彻力的差异，其成果既有值得借鉴的地方，也有其不可复制性。因材施教永远是一个不可忘却的命题。

我们认为，目前迫切需要改变学生中存在的"顿悟式"设计倾向，避免"概念游戏"和"空间游戏"，应该鼓励学生从场地线索和建筑本体出发去寻找设计的源泉，训练一种理性的、可以逐步推进的逻辑设计和深化能力，引导学生采用合理的建筑"手段"去真正实现设计"概念"，并使得那些所谓"天资普通"的学生也能通过逐步深入，完成一个足够"好"的设计。

而要实现这样的目标，其关键在于对"过程"的重新认识。当前的建筑设计教学普遍缺乏关于过程的引导和控制，过于强调创造性，却忽视了

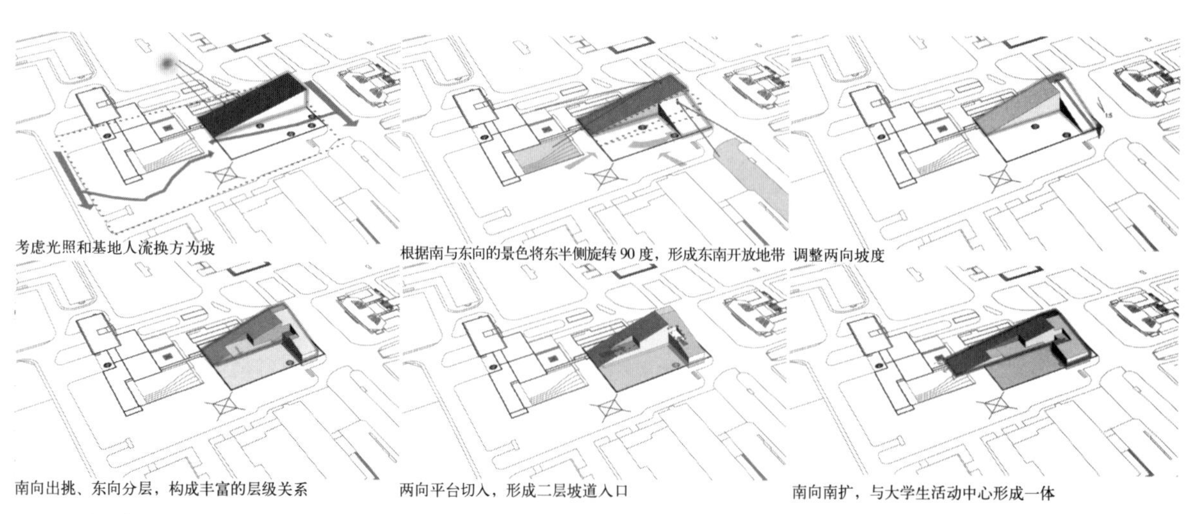

图 1　形态及空间生成过程（2014 历史建筑保护　李树人）

图2　最终成果（2014历史建筑保护 李树人）

诸如基本使用功能与流线，平、立、剖面的关系，以及空间与结构关系、形态与建造的关系等最基本的建筑问题。因此，学生对设计结果更倾向于跳跃式的追求，并容易导致简单的理想主义或对理想的简单放弃。这一现象在学生设计过程中的具体表现，就是经常在设计阶段的末期仍在改变或甚至完全推翻先前确定的基本设计概念，最终无法达成一个具有足够深度和完成度的建筑方案设计。对此，利用理性的方法论使设计工作回到一个更具结构性的轨道上就显得尤为必要。教师应该鼓励学生在最初设计概念形成后不要轻易放弃，把设计研究的重点放在如何实现设计概念，而不是反复追逐一鸣惊人的想法。设计不是对灵感的依赖，而是一个研究、发现的过程，也是一个持续推进的过程。

三、教学目标、要点和手段

这个学期设计教学的核心培养目标和教学要求是通过合理的教学组织和课程实施，以整个学期完成一个长题训练的方式，帮助学生建立完整而有深度的建筑设计理念，建立概念、空间和结构、建造一体化的设计策略。教学要点是训练学生深化设计的能力，引导学生关注建筑方案设计中的〝设计概念（包括合理的功能计划、形态特征及空间氛围等）〞如何通过建造（包括结构、技术与材料）与建构得以真正实现。

而要达成这一目标，关键在于成体系的课程安排和具有针对性的教案设计。教案要紧密结合研究与教学，针对教学要点，采取合适的教学手段加以达成。

1. 尽量减少一对一的改图模式，加强集体评图和讨论。教师以指导协助的身份介入课程设计，促使学生自主推进设计。同时强化案例研究环节，要求案例选择具有针对性，研究成果对此后的课程设计具有指导意义，以此建立学生自己的评判标准。

2. 采用真实可达的基地。本次课题的基地选在校园内部，利用学生熟悉的场景和可溯的记忆，引导学生通过亲身体验，建立建筑与基地特征的关联；鼓励学生从基地的场域特征寻找设计线索，结合项目自身的功能计划推导设计概念，在合理的设计逻辑上理解空间概念。

3. 强调手绘草图、实体模型和实景合成表现图在不同设计阶段作为方案推进设计手段的意义和重要性。

4. 认识大比例图纸对设计深化的价值。通过过图纸比例在不同设计阶段的逐步递进，促使学生不断深化设计内容。

5. 强调设计过程的重要性，加强过程引导和控制。分阶段设定任务要求和成果内容，设置多环节评图，及时在相应层面上固定设计概念和方案，避免学生陷入轻易否定既有设计概念，反复寻找新“灵感”的陷阱，不断连续地推动设计的深化发展。

四、教学组织和实施

师资配置：为了保证设计深度，每班三位指导教师中，至少配置一位具有丰富实践经验、具备一级注册建筑师资格的教师。中间评图环节邀请高年级老师共同参与，在期末公开评图阶段全部由高年级老师和特邀实践建筑师担任评委，让学生可以接受更广泛深入的指导。

教学控制：全学期的课程设计划分为四个相互衔接的单元，分别为基地研究及案例研究、建筑方案概念设计、认知与实践、建筑方案深化设计。同时设置中间评图环节，各个阶段分别提交相应成果并打分计入最终成绩，以此控制设计进度，保证设计深度。

设计课题设置：校友之家建筑方案设计（17 周）。

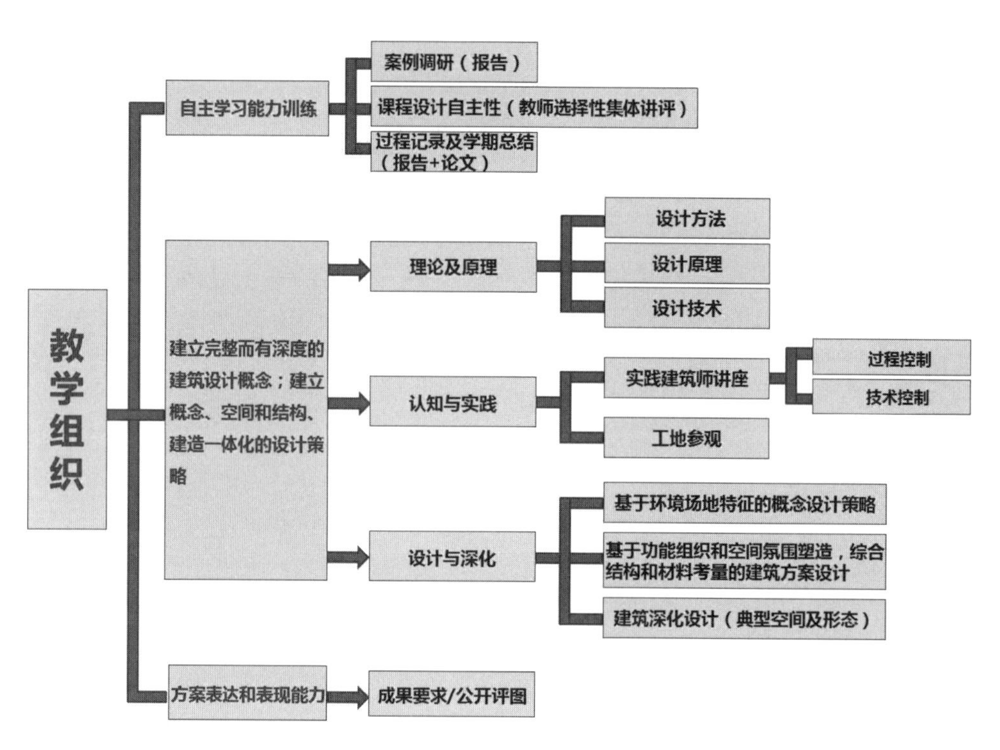

图 3　教学组织

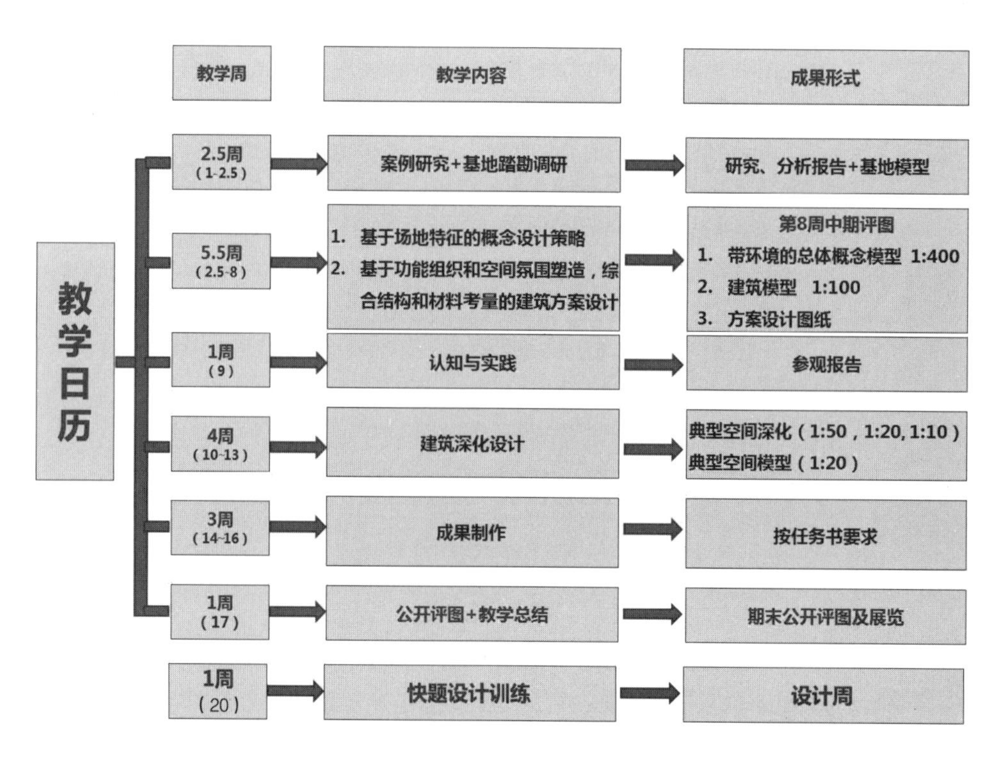

图 4　教学日历

五、教学反馈

一个学期的设计长题教学，师生们的反馈总体上是积极的，学生最终设计成果的完成度也令人振奋。正如 2014 级建筑学五班潘宸同学的课程总结中所写："这学期课程学习让我更有触动的是后半学期，每一个建筑都需要后期的深化思考才可能将其完整的建立。深化并不是简单的处理结构、排水等，而是应该将自己的概念与这些实际相结合，这些细节之间的关系也不应该是互相脱离的，反而应该相互影响、相互促进彼此的发展。因此，在建筑设计后期，结合建筑本身所追求的特点，我开始了细部的深化设计，甚至为其添加了新的材质。同时我在询问自己，你要在哪里加，怎么加？而正是这样对自己的询问，使得我让新的材质有了其存在的意义。"

但在本次教学过程中，也存在着下面比较典型的几种情形。

一是学生们对于各个教学环节的连续性和继承性缺乏必要认识，倾向于将一个完整设计过程中的数个环节理解成各自独立的成果，信息和设计思路的延续性不足。比如在基地研究中，各组同学都有非常细致和有深度的调研，但是这一成果并不能很自觉地被吸收成为此后方案设计的线索，往往只看到基地的制约性，而看不到其中隐藏的机会。甚至在方案设计真正开展后，部分同学已经把基地研究这一过程忘得一干二净，再次陷入做一个只有"概念"、放之四海而皆可的设计。

二是部分同学的案例调研依然缺乏针对性。没有对设计要求进行充分解读就轻率选择学习案例，对案例流于资料收集而非深入研究，导致研究结果对其后的方案设计缺乏指导意义。

三是学生更善于纯粹形态和空间的早期操作。

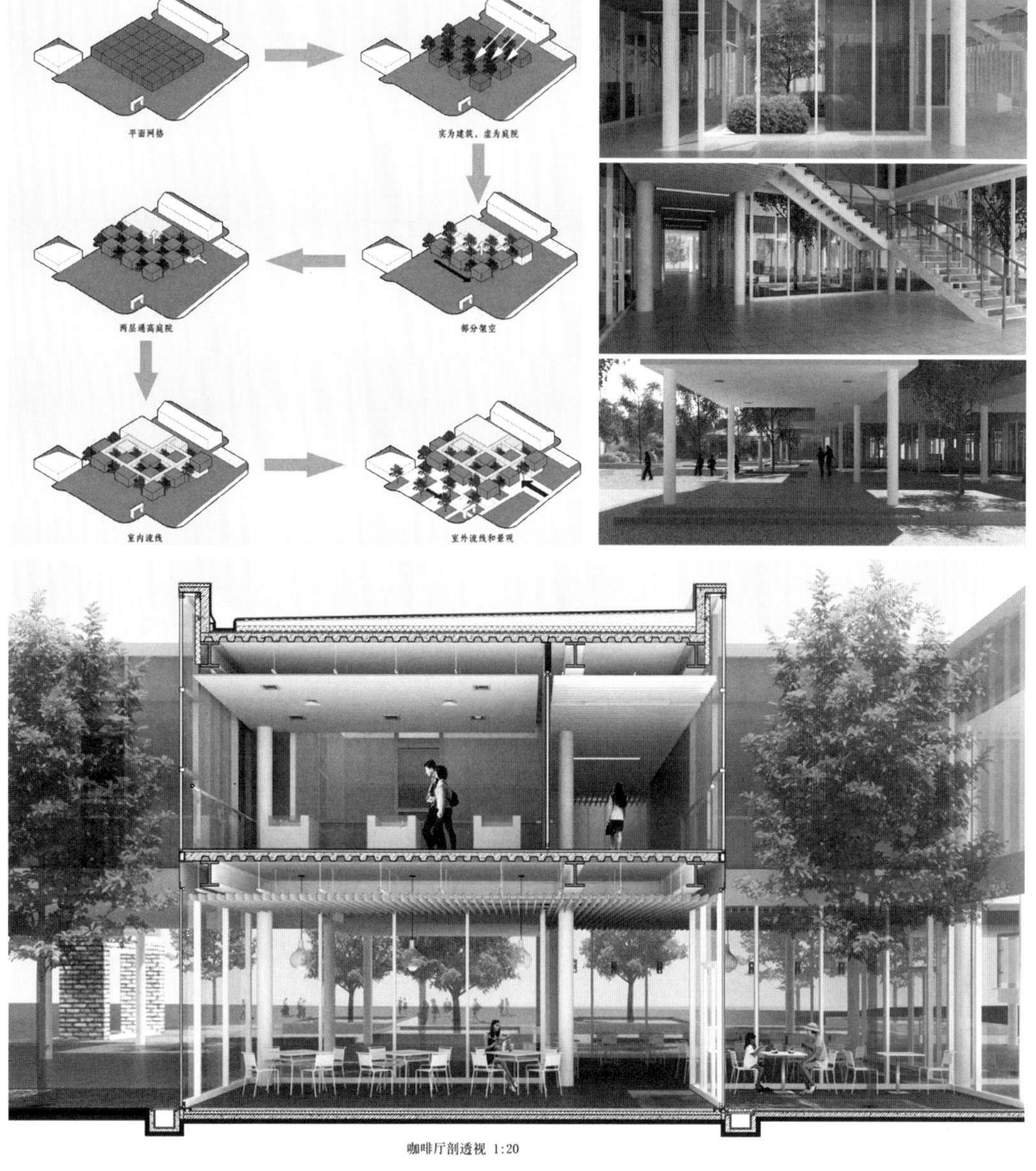

图 5　学生作业成果（2014 建筑学 4 班　张惠民）

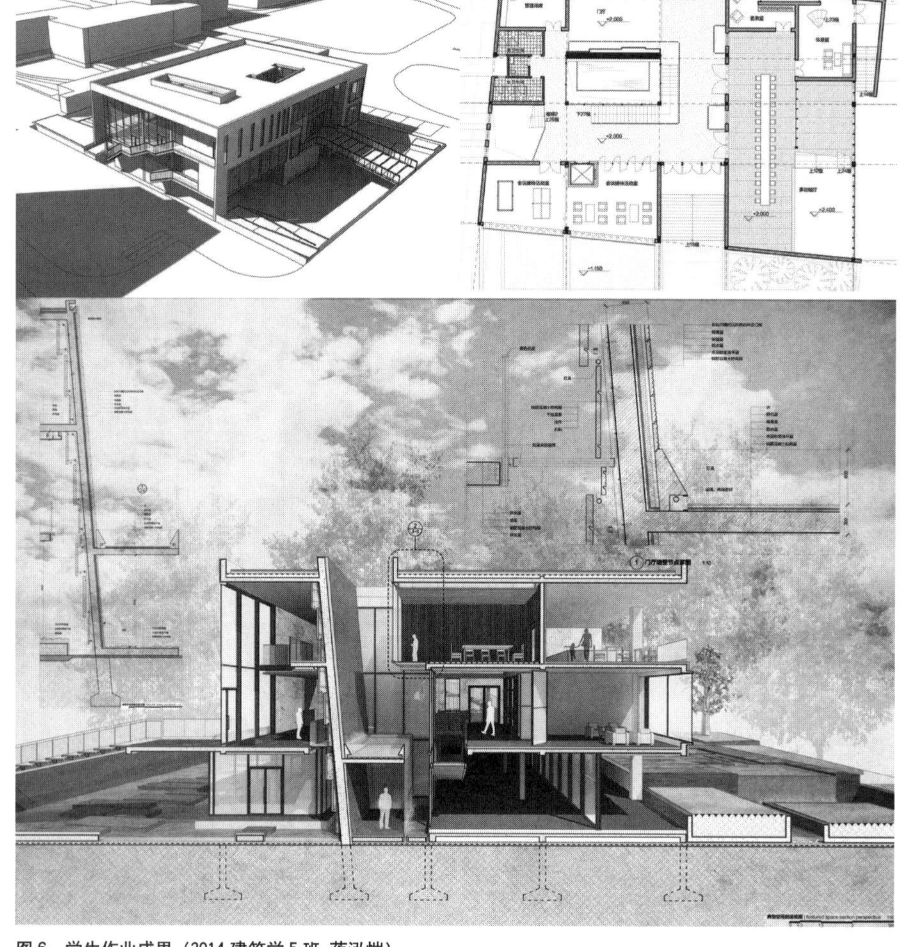

图 6　学生作业成果（2014 建筑学 5 班　蒋泓恺）

由于工作模型往往是 KT 板一种材料，电脑 SU 建模也是单一的板材围合空间，这样一种纯粹的、剥离了物质性和重力感的材料选择，在初期对体量、基本形态、功能布局和空间特征的探索阶段是一个有效手段，但是在需要对空间氛围、品质和细部进行探讨时，同学们常常缺乏深化设计的意识和有效方法。

六、教学反思

通过这个学期的设计教学，一方面让学生了解了"设计概念"如何通过建造与建构得以真正实现，另一方面也让他们体会到了什么是完整而有深度的建筑设计，基本达到了预设的教学目的。但是，其中也有很多问题，值得我们进一步反思。

1. 实体模型 VS 电脑建模及渲染 VS 手绘草图

作为设计推进的手段，水墨渲染曾是传统的建筑表达方式，但近年来已日渐式微，实体模型则越来越多地得到鼓励。在利用模型推进设计的过程中，制作本身也成为一种设计：如何认知材料、选择材料、表现材料，以及相应的建构方式等。而且，模型的整体性建构也可以有效避免学生的思考趋于静态画面和单一场景，有利于学生把握整体空间和连续体验的关系。

然而随着电脑软件的日益发展，电脑建模和渲染在教学中又呈现出了一定优势，特别是在光影表现和空间氛围描述方面，电脑渲染图显然更具优势。准确的渲染图不仅是一种表现方式，更可以作为设计推敲和讨论的有效手段。同时，大尺寸渲染图可以忠实反映材料的尺度与细部，并带来身临其境的场景感。

作为设计必要手段的手绘草图，则涉及两个不可分割的基本词汇——"图形"与"思考"。但是在原先的设计教学中，却往往忽视了"思考"的意义。其实，对于草图这一方法，"精准熟练的技巧并不重要，更重要的是线条背后所表达的设计思想和创作灵感"[2]；另外，草

图 7　学生作业成果（2014 建筑学 5 班　蒋泓恺）

图也正因为它的不够精确，才给设计方案带来发展的多种可能。而手绘草图的这一特点，在方案概念形成和构思的初期阶段尤其具有价值。

在肯尼斯·弗兰姆普敦看来，训练建筑设计应该包括三个方面的练习：首先，反复地用徒手草图表达原创的概念；其次，不断地制作各种比例的模型来检查设想的概念；再次，使用计算机进行辅助设计、建模，并与另外两种形式相结合。而且，"在产生和发展一个设计方案时"，必须"不断地在三种形式之间反复深入"[3]。所以，在设计的不同阶段，合理选择手绘草图、实体模型和大幅电脑渲染图作为方案推进设计手段非常重要。

2. 关于长题设计过程中的懈怠性控制

不管对于老师还是学生，一个学期的长题设计都是新的尝试。其间最为明显的一个现象就是，学生在设计阶段的后期普遍表现出某种程度的懈怠性。原因是多方面的，但主要症结在于学生对基本的设计逻辑、过程和相关因素还没有足够完整的认识，对初步方案确定之后如何进行深化设计缺乏手段，因而造成前期概念和后期深化之间的相对脱节。要解决这一问题，首先需要在教案设计中加强模块化研究和环节控制，根据教学要点设计教学模块，清晰界定每个阶段的训练目标，细化每个阶段的成果要求和考核点，有效推动设计深化；其次是培养学生设计深化的能力，引导不同的深化线索和方向选择，比如合理而必要的功能和流线优化，空间与结构体系的逻辑关系、形态与构筑的匹配度、设计概念与实现手段（建造）的有效性，以及空间氛围与材料选择及构造策略等方面。

3. 关于设计深度

对于二年级学生，由于相应的基础平台课程（如建筑构造、建筑技术等）还在平行授课或尚未开始，因此尽管我们在教学中补充了建造原理课时，而且通过实地参观来加强感性认识，仍有不少学生对相关知识和原理缺乏充分的认识和理解，导致深化构造设计只是模仿

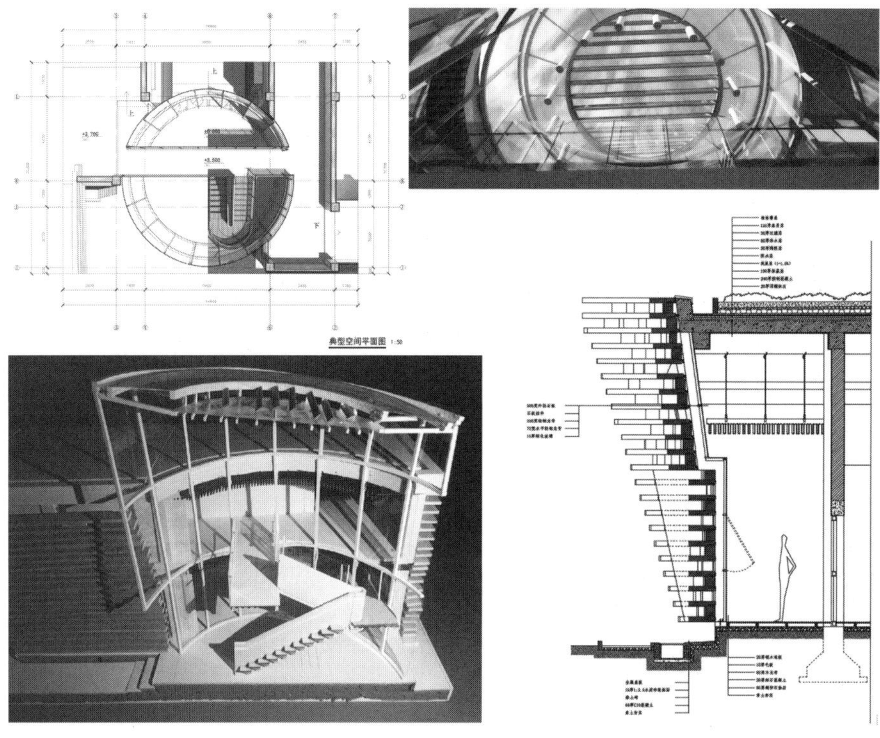

图 8　学生作业成果（2014 建筑学 5 班 许可）

或简单抄录某个案例的大样做法，与自己方案的匹配度不足，也偏离了我们设定的训练要求。其实，所谓的"深化设计"也不仅仅是构造设计，而是需要从基地特征到建筑体量、从空间氛围到细部做法，形成多层面的连贯性思考。即以一种具体而深入的方式，在明确的基地环境中，研究建筑所涉及的基本问题和基本要素，解决达成建筑氛围和建成效果的建造问题。所以对于该阶段的学生，深化设计应以实现自己的方案设计为先导，使学生了解和掌握深化设计的路径及方法，认识概念只是实现空间品质的策略，重视从方案设计通向最后结果的过程，强调设计方案转化为建造的思维方法。因此，有老师就主张只需设计构造层次，并不需要详细精确到构造详图设计。

4．其他

此外，还有一些方面也值得更深入地研究。

首先，在教案设计上，可以简化设计任务书的条件设定，使功能计划更具弹性，让学生通过前期调研，自主参与最终任务书的制订。同时，建筑规模也可以进一步控制，适当舍弃某些文脉和文化等社会性要素层面的线索追求（该部分训练可以留待高年级进行训练），将教学要点聚焦于方案设计所涉及的技术性和真实性方面，达成更系统和完整的设计成果。

其次，考虑到二年级教学阶段的特点，可以适当弱化建筑设备要素对建筑方案设计的具体影响，但必须加强学生在平面，特别是剖面关系上对于设备空间意识的训练。

第三，在基地选择上，除了真实可达之外，更应关注基地限制条件的可读性和明确性，避免因为线索太多或过于离散而导致缺乏约束力。

第四，由于本课题的设计涉及结构、构造、建筑设备等诸多因素，而对于该阶段学生来说，相关其他专业基础课程内容正在平行讲授过程中或尚未开始，因此，这部分专业课程的教学计划，应该在时间安排上做出相应调整。

这次二年级第二学期的建筑设计课程教学改革，旨在引导学生掌握完整的建筑设计的整体思维和理性方法，并由之前的侧重设计概念的方案训练，转向综合考虑结构、构筑和技术等诸多因素共同作用的整体建筑设计意识培养，这对教师和学生都是一次挑战，让我们收获很多，留给我们的反思也很多，还需要我们在此后的教学过程中持续研究与改进。

注释：

[1] 冯纪忠先生指出，对于刚入学的学生应该重在宽松启发，培养开放的思维；"然后才收紧、严格"，让学生了解构成建筑的基本因素，掌握必须的专业知识；再后又"逐步放开"，让学生挖掘自身潜能，进行创造性设计；"到了接近毕业，又要收一收"，让学生了解实际建筑设计中必须考虑的因素及各种制约，培养学生解决问题的能力；最后放手让学生去做毕业设计，使他们可以在更高的层次上进行自由创作。同济大学建筑与城市规划学院编．建筑人生：冯纪忠访谈录 [M]．上海：上海科学技术出版社，2003：49．

[2] Lorraine Farrelly.The Fundamentals of Architecture[M].AVA Publication SA,2007:91.

[3] 肯尼斯·弗莱姆普敦．千年七题：一个不适时的宣言——国际建协第 20 届大会主旨报告 [J]．建筑学报，1999 (8)．

作者：徐甘，同济大学建筑与城市规划学院 副教授；张建龙，同济大学建筑与城市规划学院 教授

从“文化主题”概念到“书院空间”设计

——三年级建筑设计课程教学实践

熊燕

From "Culture Theme" to "College Space": Teaching Practice of Architecture Design in Year Three

■摘要：文章以武汉大学三年级设计课程“珞珈书院”的教学实践为例，探讨在基于“文化主题”的建筑设计教学的互动过程中，教师应如何在概念生成、空间组织及形式表达三个重点教学环节对学生进行管理和引导，帮助学生实现从抽象的“文化主题”设计概念到具体的“书院空间”设计方案的创作过程。

■关键词：文化主题　书院空间　概念生成　空间组织　形式表达　教学实践

Abstract：This paper introduces how the teachers can inspire and guide student to realize their creative work by using the case of "Luojia College Design" from year three students. The three steps of design idea, space organization and visual expression are very important to help students to develop their design from abstractive "culture theme" to objective "college space".

Key words：Culture Theme；College Space；Design Idea；Space Organization；Visual Expression；Teaching Practice

1.背景

近十年来，武汉大学建筑设计课程设置一直秉承“内容全面、设计深入”的基础教育理念，二至四年级的主干设计课程围绕“建筑与环境”、“建筑与文化”、“建筑与技术”、“建筑与城市”四大主题展开。其中三年级的设计教学则重点强调“建筑与文化”的特色主题，要求学生在二年级设计课程基础上，进一步熟练各种空间组合方法，有意识地建立建筑设计的“文脉”意识[1]。两个学期的设计课程完成四个设计，题目分别为：“鄂西土家族民俗文化展览馆”、“珞珈书院——珞珈文化研究中心”、“乡村振兴：江西某历史村落改造”和“英国驻武汉领事馆”。其中“珞珈书院”这一题目近几年来教学成果较为突出，多次获得全国大学生竞赛奖项。本文拟以武汉大学2013级本科生的教学实践为例，探讨在三年级的建筑设计教学过程中，如何将“文化”主题植入建筑设计之中，帮助学生实现从抽象的设计概念到具体的设计方案的创作过程。

2.建筑设计互动教学的重点管理环节

2.1 “珞珈书院－珞珈文化研究中心”题目概述

武汉大学拟在背依珞珈山临近东湖的山水地段，建设一座集文化研究、学术交流、诗画创作、吟颂以及餐饮休闲为一体的珞珈文化研究中心，总用地面积 11256m^2，总建筑面积约 5000m^2。教学周期共计 8 周。该设计题目要求学生首先选择一首山水诗，从山水意境出发，确定建筑立意；重点学习如何运用建筑语言来表现建筑的文化内涵，塑造文化建筑的空间氛围；解决在特定山水环境中建筑与环境的契合与对话。基于教研组多年的教学实践，学生在进行以“建筑文化”为主题的方案创作的流程可简单概括为“文化主题的确立—次标题的确立—场地的考量—文化元素的挖掘—空间的营造与功能的组织—高潮氛围的渲染”[2]。基于这一设计题目的要求、学习目的及学生创作习惯，在教学过程中老师会着重在概念生成、空间组织及形式表达三个环节对学生进行有效的管理和引导，相应的教学时间分别为 2 周、4 周及 2 周。

2.2 概念生成

对于一个重点关注“建筑与文化”的设计题目，其巧妙的构思和立意直接影响着方案后期的发展方向。因该设计题目位于武大校园内，学生对于真实的地形地貌、山水环境以及整个项目所依托的武汉大学珞珈文化都相当熟悉，并且每个学生对此都有各自的独特理解，所以在概念生成这一环节上，学生的思维非常活跃。在结合实地调研和相关案例分析的工作后，选取了大量立意鲜明、含义隽永的山水诗句。如“寥寥丘中想，渺渺湖上心”表达的广阔苍茫的山水意境，“庭院深深深几许，杨柳堆烟，帘幕无重数”体现的纵深庭院空间，“春晚绿野秀、岩高白云屯”传递的静谧深邃的文化空间体验，“大漠孤烟直，长河落日圆”渲染的壮丽与神圣以回应宁静与孤独的学术世界，“廊腰缦回，檐牙高啄；各抱地势、勾心斗角”描绘的建筑造型与地形地貌浑然一体的景致；另外学生们还从“山重水复”、“高山流水”、“曲水流觞”、“春花秋月”等诗句中，解读到自然景观的时空变化均可以成为建筑空间塑造的目标，使建筑诗意呈现。

在这一教学环节，老师必须引导学生挖掘所选取诗句中描绘的景致或意境与建筑之间可能发生的关系，主要可能表现为：场所感、空间层次、山水关系、游览路径等。

2.3 空间组织

建筑设计课程中最困难或者最关键的环节应该是帮助同学们将各种抽象的概念、立意、构思落实到具体的建筑空间组织中去。这一过程涉及平面的功能及流线是否合理，建筑室内外空间是否流畅丰富，建筑体量的自身关系是否和谐，与场地是否契合等问题。所以当课程进行到推敲建筑体量及空间关系时，很多同学便进入卡壳状态，面临众多的设计矛盾往往不知所措。所以在这个教学环节，老师会在三个基本问题上对学生进行控制和引导。一是总平面布局必须处理好建筑与道路、山体、水体的关系，功能分区基本合理，出入口设置合理；二是建筑内部空间组织必须要有明确的逻辑关系、外部空间组织必须积极有效；三是建筑体量必须服务于基于设计立意的建筑空间及视觉体验。在对这三个基本问题有所控制的基础上，学生则不会出现设计上的重大错误，方案自身也可以做到立意明确、逻辑清晰。在这个为期 4 周的教学环节中，前期必须有手工模型参与方案推敲，后期借助电脑 SketchUp 模型深化方案，并基本完成平面图绘制。

2.4 形式表达

形式表达的环节往往是学生设计表现是否突出的分水岭。美学素养高、表现技能好的学生往往能更好地处理形式、色彩、材质、节奏、韵律和均衡性等细节，并通过后期的表现技法使图面效果能够充分地表达自己的设计意图；而美术功底弱、表现技法不足的同学则会在形式推敲、建筑立面及整体风格的表达上踌躇不前，最终的图纸效果也会显得过于薄弱。所以在这一教学环节中，老师主要通过两种途径帮助学生通过建筑语言来表达建筑的文化内涵。一是控制进度、推进设计深度。好的设计一定是靠大量的工作时间堆积出来的，多数同学的方案在进入设计后期迫于交图时间没有办法深入设计细节，如景观、结构、构造、剖面等设计敷衍了事，建筑语言的表达显得单薄，没有说服力。所以在教学过程中，老师必须有效控制学生的设计进度并以具体的图纸要求来督促学生达到规定的设计深度，才能保证学生的创作过程得以完成。二是“他山之石、可以攻玉”。不论是建筑的风格、立面设计还是图纸表现，都可以充分借鉴已有的成功案例和优秀设计成品。在本科学习阶段，“抄方案”是最为基础和有效地帮助学生提高设计能力的办法，大部分的学生并不具备将一个原创的抽象设计概念转换为成熟的建筑方案的能力，这个时候就需要他们大量地学习、借鉴与之理念相仿、气质相近的建筑设计手法。有了明确的学习目的和要解决的具体问题，学生的学习过程必然是一个主动、积极且高效的学习过程。

3.学生创作过程

在充分了解建筑设计互动教学的重点管理环节和内容后，下文通过对两份学生作业（A、B 方案）具体说明学生是如何将“文化”主题植入建筑创作之中并完成设计的。两位同学的学习态度都非常认真，在整个教学过程中与老师的互动较为充分，最终的设计成果各有特点。

3.1 A 方案：公共交流空间

A 方案对珞珈书院的整体理解是“实现交流的公共空间”，故在设计中非常注重创造不同的交流空间，希望给人、建筑与环境三者之间以及在时间维度上的交流提供充分的可能性。在空间组织上希望通过“交流前的寻觅—山重水复”、“交流时的相遇—高山流水”和“交流中闲聚—曲水流觞”这三类事件，依次创造出外部广场、大庭院、廊道、小庭院和天井等公共交流空间（图 1）。在这一系列的空间组织中，充分地利用“灰空间”这一概念实现建筑内外的融合，并不断地推敲每一个空间的适宜尺寸来迎合不同的空间性格。可以说 A 同学在概念生成环节的思考是相当缜密和深入的，充分理解了珞珈书院这样一个文化建筑的内涵与外延，并试图将武汉大学珞珈文化中“最大程度地尊重自然景物”的特征表达出来。当 A 同学真正进入空间组织的环节后，尽管方案着重塑造的层级不同的公共空间均有所表达，但

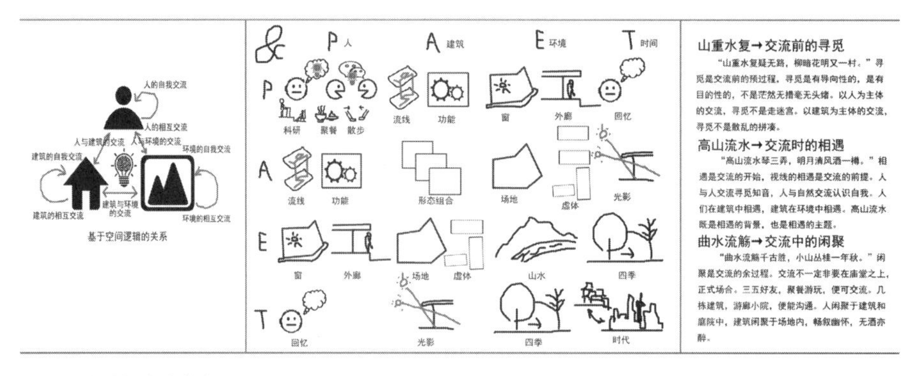

图 1　A 方案概念生成过程

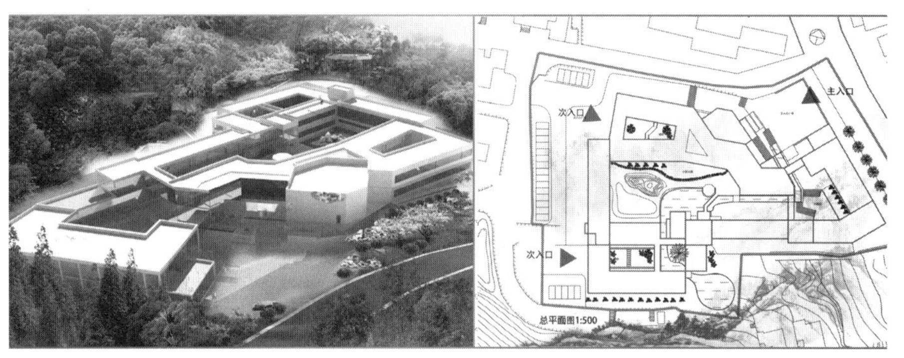

图 2　A 方案鸟瞰图和一层平面图

图 3　A 方案部分剖面图和立面图

显然其对建筑基本形体的组合显得美感不足，庭院关系及场地处理都过于简单（图2），若再详细推敲平、立、剖面及效果图（图3，图1），则明显设计深度不够。但整体来说，A方案在这次的珞珈书院的创作中，基本实现了将“交流的公共空间”作为设计的主题，并使该建筑的文化属性得到表现，但山水意境诗性空间表达不足。

3.2 B方案：宁静孤独的学术空间

B方案在概念生成过程环节，非常明确要打造宁静与孤独的书院氛围，选择“大漠孤烟直，长河落日圆”的诗句切入设计，并一直将这一思想贯彻至设计结束（图4）。整个建筑体量和空间组织相对来说比较纯粹，用中间的大庭院加上斜插进入的巨大公共通道将各功能分区串联起来。通过素混凝土强烈的虚实对比以及大尺度的空间来塑造广阔宁静的建筑氛围（图5），设计手法运用较为成熟，细节完整，图面整体表达较好（图6）。总体来说，B方案在概念生成环节的思考其实非常有限，但在空间组织和形式表达上做的工作则较为充分，也就是建筑语言的组织和表达较为理想，从而实现了方案最初想要的诗性空间。

比较A和B两个方案，可以发现建筑设计教学是一个极为“因材施教”的互动过程，尽管教师会有一套相对通用的教学方法，但因每一位同学的兴趣点和思维模式的差异化，最终教学成果异常丰富多样。在这个过程中，老师需要正面引导和鼓励学生做出多样的尝试和训练，发展每一位学生每一个设计概念创作的可能性。

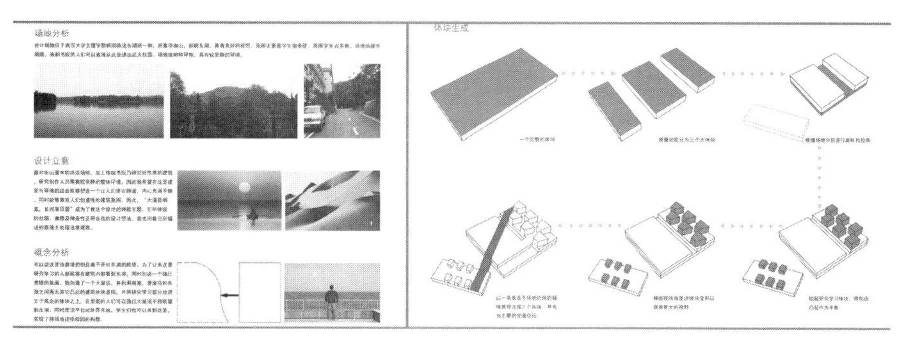

图4　B方案概念生成过程

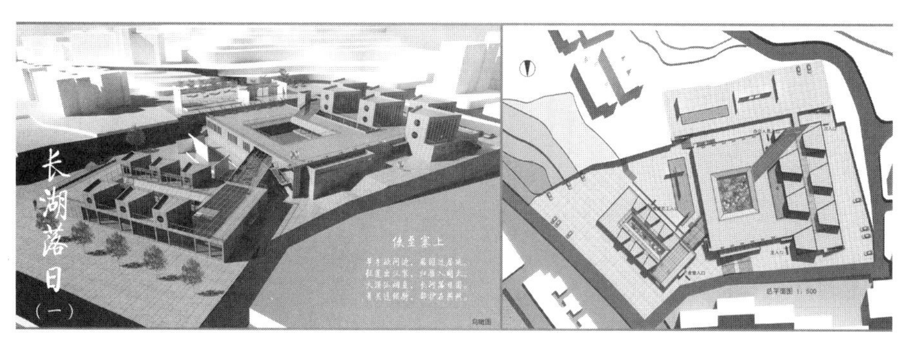

图5　B方案鸟瞰图和总平面图

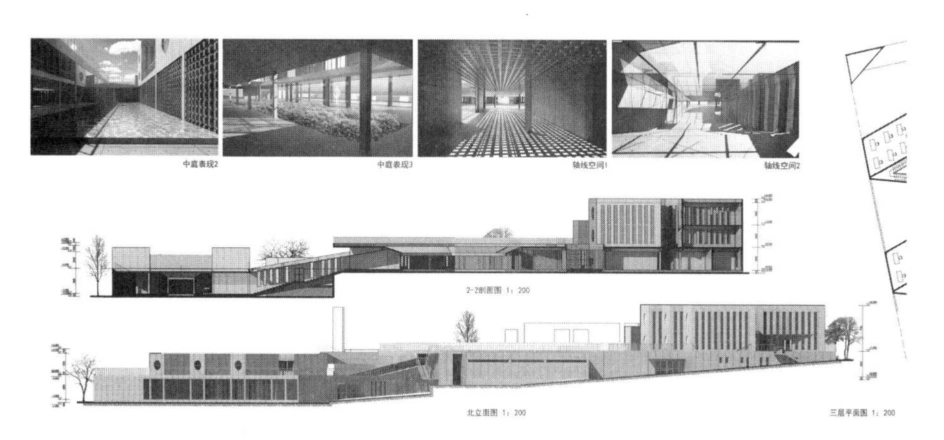

图6　B方案透视图、剖面图及立面图

4.结语

基于学生具体的创作过程，再结合课程教学中着重关注的三个设计环节，不难发现在〝建筑文化主题〞类的建筑设计教学中，保护好学生的设计概念尤为重要，同样的设计题目哪怕有大相径庭的设计概念，都应该鼓励学生通过对设计手法的学习将其概念转变为可以用建筑语言表达的设计方案。这应该是建筑系教师最重要的职责之一。另外，对建筑空间的组织仍旧既是建筑设计教学中的重点，也是学生学习的难点。明确的空间组织逻辑，有助于学生理解建筑实体与室内外空间的关系，并易于创造出生动丰富的空间及视觉体验。最后形式表达极大程度上依赖于学生基本功的训练，文化主题类建筑创作更需要充分完整的设计表达来渲染建筑的文化意境及诗性空间。

注释：

[1] 王炎松，谢飞．基于〝建筑文化主题〞的大三建筑设计课程教学特色思考 [J]. 华中建筑，2008 (5)：176–178.

[2] 王炎松，朱江．文化建筑的诗意表达——兼议文化主题的建筑设计教学 [J]. 高等建筑教育，2013 (2)：5–8.

图片来源：

图 1 ~图 3：自 2013 级学生黄科然作业

图 4 ~图 6：自 2013 级学生陈逸超作业

作者：熊燕，武汉大学城市设计学院 讲师

基于 Pinterest 网络互动式建筑设计教学实验

——以哈尔滨工业大学国际联合设计教学为例

席天宇　殷青　韩衍军　Aidan Hoggard

Experiment on Architecture Design Education based on Pinterest Internet Interactive Platform:Taking the HIT International-Design Workshop as an Example

■摘要：Pinterest 是基于图片互动式的社交网络，创办不到两年时间便成为全球十大社交网络之一。在 Pinterest 上，人们可以在全球范围内形成基于图片互动的资源共享。2015 年 7 月，哈尔滨工业大学建筑学院国际联合设计中，英国谢菲尔德大学—哈尔滨工业大学联合设计教学组进行了基于 Pinterest 网络互动式教学实验，实验成果对移动互联网时代下的建筑设计教学具备参考价值。

■关键词：Pinterest　网络互动式教学实验　气候适应性表皮　国际联合设计

Abstract：Pinterest is a kind of social networking service (SNS), which is based on pictures. People can easily share and gather needed information by "pin" photos on created board, and the simple and direct way has made it one of the top 10 SNS in the world. In July 2015, the Architecture School of Harbin Institute of Technology carried out an international workshop with several foreign universities, and the Sheffield Team tried an internet interactive teaching experiment, which could be good reference for architecture design education in a mobile internet background.

Key words：Pinterest；Internet–Interactive Teaching Experiment；Climate Interactive Building Skins；International–Joint Workshop

1　教学背景

移动互联网时代人们的社交方式发生了巨大的变化，各式各样的社交网站和移动应用式软体使人们的社交变得越来越方便、快捷，同时也改变了人们共享和获取资源的方式。Pinterest 创办于 2010 年，2011 年 12 月被列入世界十个最大社交网络，2012 年超过 YouTube 和 google+，2012 年 3 月超越 LinkedIn 和 Tagged，成为美国三个最大的社交网站之一。

Pinterest 之所以能发展得如此迅速，是因为图片带给人们的视觉感受更为直接。目前，图片类社交网站的估值也要高于文字类的社交网站，如 Snapchat、Instagram 等。通过创建 pinboard，人们可以将相关的图片"pin"到相对应的 board 中，对此感兴趣的人们可以将感兴趣的 board、图片和拥有者加入自己的关注行列，与其他社交类网站一样，通过点击相关的 board、图片和用户会链接获取到相关资源，使用者的信息获取渠道呈现几何级增长，同时图片这一最直观的表达方式可以使人们迅速筛选对自己最有价值的信息。

目前网络式教学（MOOC）主要是基于开放式理念实现教学资源共享，从 2008 年加拿大爱德华王子岛大学（University of Prince Edward Island）的戴夫·科米尔（Dave Cormier）和国家人文教育技术应用研究院高级研究院的布赖恩·亚历山大（Bryan Alexander）根据网络课程的教学创新实践提出这一理念以来，已经经历了快速发展期，成熟的 MOOC 体系已经包括视频课程、上课资料开放式下载、互动社区、课下辅导、成绩考核、积分互换和教育认证体系等多个板块的内容[1, 2]。我国在 2012 年也掀起了网络开放式课程建设的热潮，然而由于建筑设计课本身的特殊性，目前建筑设计课的网络式互动教学还鲜有人实践。

英国谢菲尔德大学的 Aidan Hoggard 教授近年来已经通过 Pinterest 展开与学生的一系列互动，取得了较好的效果，与 Pinterest 网络式互动教学相比，传统的课堂教学存在一定的局限性：

（1）教师掌握资源与课堂传授资源的不对等

教师通过专业学习、课堂教学、专业职业训练等经历掌握大量相关专业资源，课堂时间有限，大量语言类讲述不符合建筑学专业的特点，而针对个别方案和设计思路的过度展开有可能耽误教学整体进度。此外，学生受自身知识面限制，大量的信息无法在课堂上吸收，教师只能有选择地因材施教，无法针对学生获取知识能力不同的客观现实展开有效的课堂教学工作。学生通过访问教师 Pinterest 主页，拓展课堂所学，依据自身学习能力针对课堂相关知识展开有效的自我学习。此外，依据 Pinterest 自身特点，学生可从世界范围内迅速获取大量相关资源，其效率之高是传统教学无法比拟的。

（2）教师与学生方案沟通存在时间差和不便携性

传统课堂教学只有在设计课上老师才能看到学生的方案，而学生只有在设计课上才能得到教师的反馈，学生有新的思路和想法无法与教师及时取得有效沟通，造成一系列问题的产生。首先，不利于学生设计思路的有效推进，学生可能随时随地产生新的想法，在设计课之前，学生无从判断哪个思路值得深化下去，可能全部搁置或者全部深化，引发精力分散或者闲置；其次，课堂时间有限，教师往往看过一轮方案设计课已经结束，缺乏反复对一个方案进行深入思考的机会。学生在 Pinterest 上将自己的方案上传，教师可以在课前看到学生的设计方案，此外，学生有新的思路可以随时通过 Pinterest 获得教师的反馈，提早找到方案的切入点，提高工作效率。移动设备的广泛应用更提高了 Pinterest 的便携性，针对方案设计可以与教师、同学乃至其他的专业人士取得有效的沟通，图片作为信息的载体使沟通变得直观易懂。

（3）传统教学不利于设计思维的记录和传承

传统设计课中，教师指导和学生深化推进方案的过程是弥足珍贵的，然而通常学生不会将这一过程进行系统的整理，教师最后拿到的只是设计的成果，导致方案推敲、深化的过程最终缺失。Pinterest 互动式教学的特点使其记录了每一位同学方案演变的过程，不但是同学们自身和教师的宝贵财富，更对新生以及每一位 pinboard 的访问者有着至关重要的意义。

2 教学内容和实施步骤

教学设计任务书要求学生在哈尔滨市哈尔滨工业大学科学技术园区一处场地内设计一栋 3000m^2 的建筑，功能设定灵活，结合哈尔滨市当地气候特征，从技术角度为建筑设计气候适应性表皮。

整体教学设计分为六个阶段（图 1 ～图 4）：

（1）第一阶段由教师讲解设计任务书，气候适应性建筑实例分析，共同解读谢菲尔德大学气候适应性建筑设计课程作业，Pinterest 以及气候适应性软体应用简介。

（2）第二阶段为实地考察，小组成员在教师带领下对场地展开全方位调研，并在回归教室后完成大图幅的场地手绘分析图，对场地内部影响建筑设计的潜在因素进行深入分析，建立自己的 Pinterest 账户并上传手绘分析图。

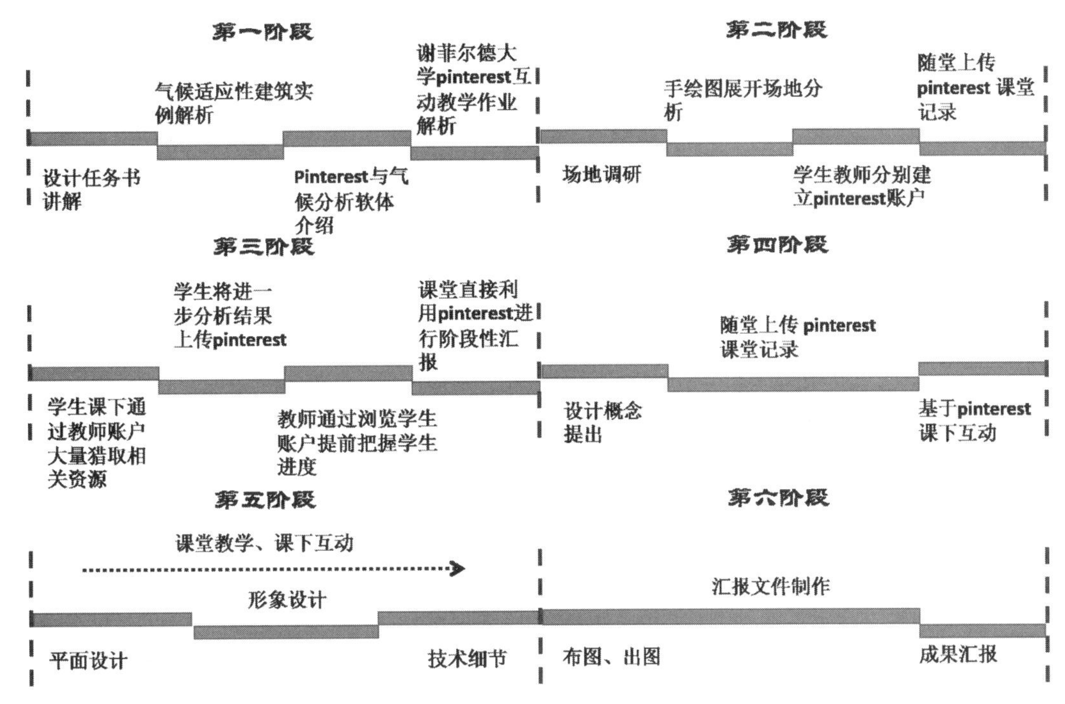

图 1　pinterest 互动式教学实践流程图

a）气候适应性实例分析

b）谢菲尔德大学互动式教学作业展示

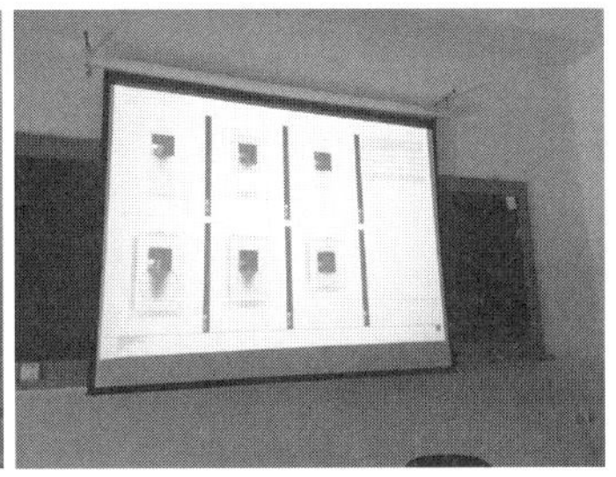

c）应用软体介绍

图 2　互动式教学实践第一阶段

a）场地调研

b）课堂手绘图场地分析

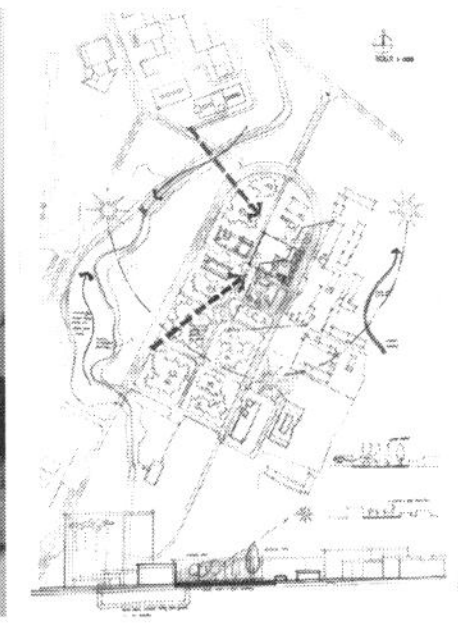

c）教师随堂上传至 pinterest

图 3　互动式教学实践第二、第三阶段

（3）第三阶段学生在课堂上打开自己的 Pinterest 账户，代替传统 ppt 软件展开场地分析及哈尔滨当地气候分析，教师随堂讲解，同时用手机记录下讲解手绘文稿，并上传到教师的 Pinterest 账户，以供学生课下可以随时重温课堂讲授内容，同时学生可通过教师的 Pinterest 账户大量浏览相关设计资源，拓展设计视野。

（4）第四阶段为建筑设计的概念提出。在前三个阶段的基础上，学生提出建筑的设计概念，教师随堂讲解并通过 Pinterest 记录。

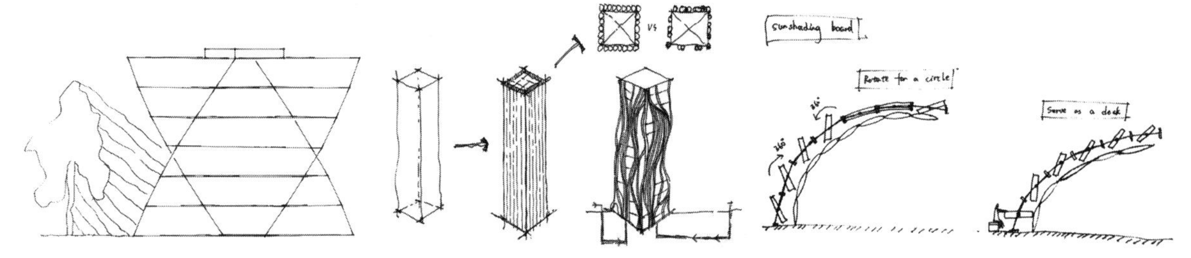

图 4　互动式教学实践第四阶段

（5）第五阶段为概念深化阶段。通过反复推敲，确定设计方案，对建筑的平面设计、技术细节、形象设计等展开深入设计，期间通过 Pinterest 与教师进行课下教学互动，并记录深化过程。

（6）成果展示阶段。在不少于 4 张 A2 图纸上完成设计成果布图展示，并进行设计成果答辩。

3　教学设计成果解读

表皮这一概念在本次教学中定义颇为宽泛，在授课中，除了传统的建筑表皮外，建筑形体自遮阳、作为间层的共享空间等设计手法均列入了建筑表皮范畴。此外，对许多建筑技术细节也进行了深入的探讨。

（1）方案一计划在场地内设计一个室内公园，解决严寒地区冬季人们户外互动受限的难题，室内公园分为两层，二层为环状空间（图 5）。方案采用 ETFE 膜作为建筑整体的围护结构，ETFE 气枕在冬、夏季均可对室外的冷热环境起到隔离作用，且保证室内公园的良好采光；建筑整体设计为半球形，夏天的雨水和冬天融化的雪水使建筑本身达到自清洁，同时降低冬季建筑表面的雪荷载；通风采用了 earth tube 系统，冬季将室外空气经过 earth tube 加热后引入室内公园，夏季将室外空气经过 earth tube 降温后引入室内，保证公园热环境的舒适；雨水收集系统用于公园内植被的灌溉（图 6）。

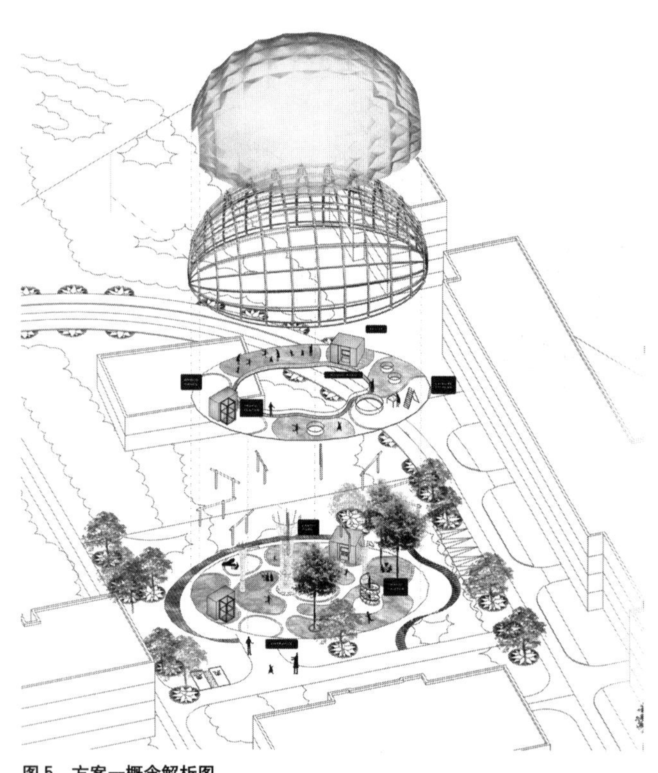

图 5　方案一概念解析图

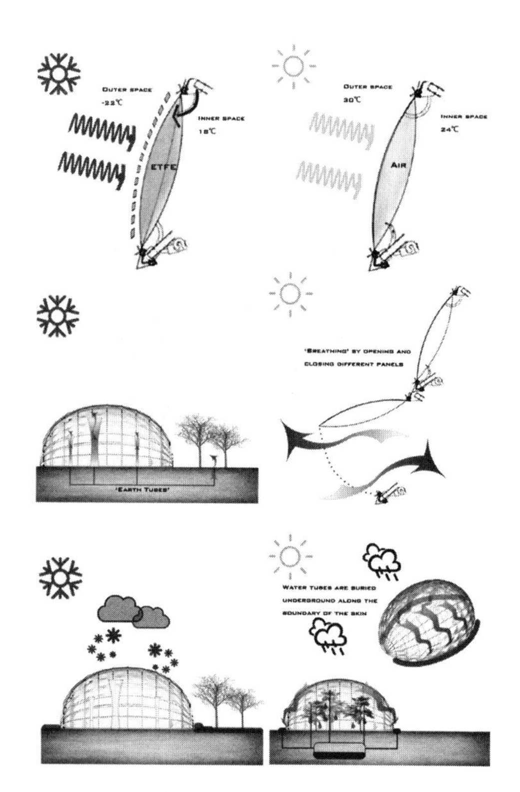

图 6　方案一技术解析图

（2）方案二在选定场地内设计一个具备餐饮、娱乐、学习的复合功能建筑，方案切入点为双层幕墙表皮技术的变体（图 7，图 8），将传统的双层表皮技术演化为 tube，然后通过参数化方法进行拟合，同时在可持续技术上也选择了 earth tube。双层表皮技术夏季将表皮通向室外的开口打开，各层通向表皮内腔的开口打开，利用太阳能烟囱效应将室内热空气通过表皮排除，室内形成自然通风换气；冬季将上层通向室外的开口关闭，室内通向表皮空腔的上下开口打开，利用太阳能烟囱效应将室内空气在表皮内循环加热并送往室内，改善寒地冬季室内热环境。严寒地区冬季气候极端寒冷，为抵御来自西北风的侵袭，建筑北向表皮所占的比例约为整体立面的 65%；南向表皮所占的比例约为整体立面的 35%，为建筑带来良好的采光（图 9）。

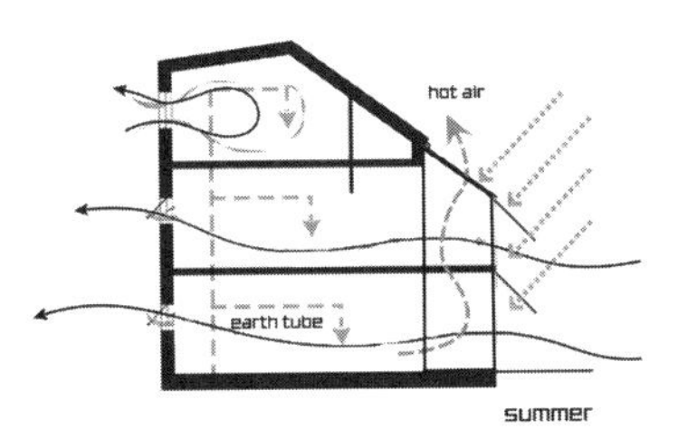

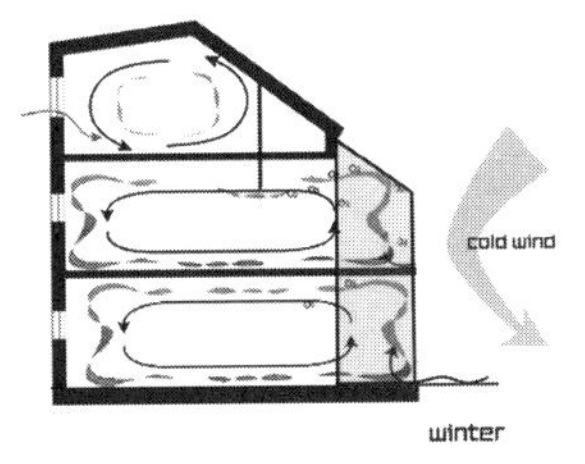

a）传统双层表皮技术解析

b）方案二采用的双层表皮

图 7　方案二设计切入点

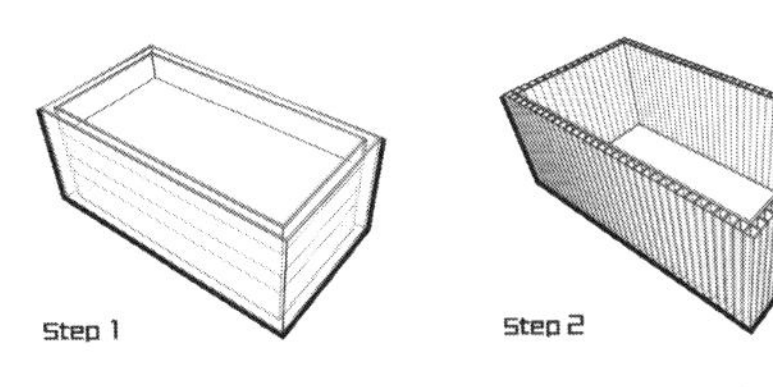

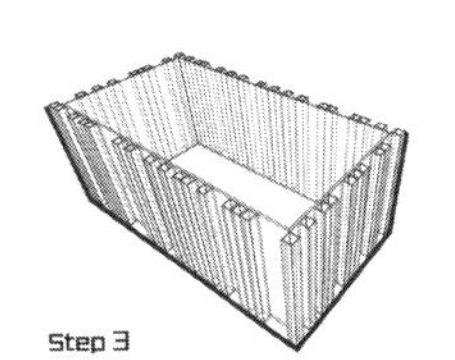

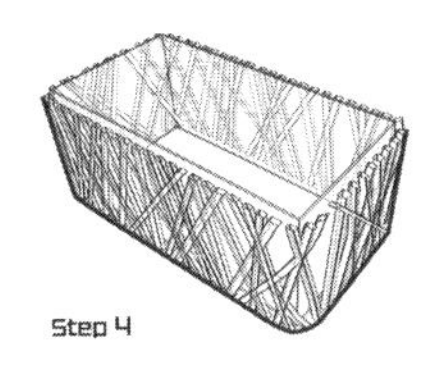

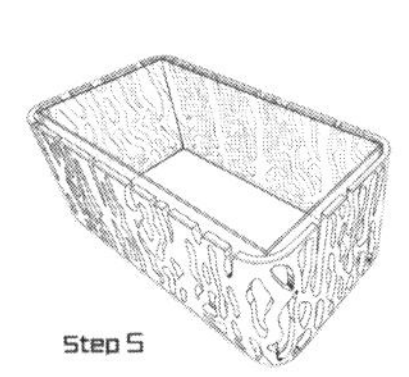

图 8　方案二双层表皮演化过程

图 9　南北外立面 tube 的比例

（3）方案三计划在场地建立一个与周边环境相融合的自然之屋，建筑形体形成自遮蔽，夏天使阳光不能直射入室内，冬天太阳高度角较低，保证室内采光和热环境舒适。每层挑檐均下垂绿色植被，夏天遮阳，冬天落叶后不影响阳光照射。建筑中庭屋顶经过设计，避免直射光进入，漫射光经过反射后进入中庭，使室内采光均匀，且避免夏季太阳短波辐射透过玻璃屋顶进入室内增加制冷能源消耗（图 10）。

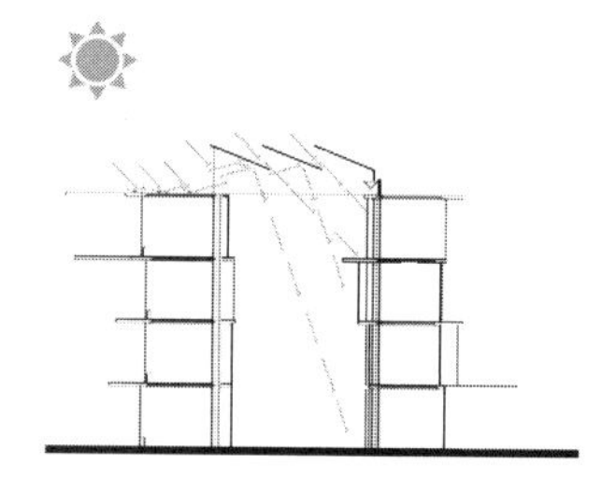

图 10　方案三自然之屋设计

4　基于Pinterest网络互动式建筑设计教学的思考

（1）本次哈尔滨工业大学—英国谢菲尔德大学国际联合设计教学组基于 Pinterest 网络互动式教学实验，与传统教学方式相比，在很多方面都体现出了可借鉴的积极意义。学生通过访问教师的 Pinterest 主页，不但可以浏览教师之前的相关教学成果和搜集的资源归类，还可以链接到许多与设计相关的图片、Pinboard，以及对此感兴趣、有研究的 Pinterest 用户，极大地拓宽了资源收集的广度、便携度，提高了工作效率。此外，学生通过建立自己的 Pinterest 账户可以和教师进行即时沟通，而手机移动互联网的高度普及使这种沟通变的随时随地都可以进行（图 11），Pinterest 以图片作为社交媒介使课下教学变得直观而快捷。通过 Pinterest，教师和学生均可以建立课堂教学的网络资源，这为教师、学生在日常生活中访问、重温教学过程与方案推敲深化过程提供了方便。随着个人资源内容的不断完善，Pinterest 基于图片的网络社交功能可使学生在日后建立专业、职业兴趣的社交圈，延伸教学内容的深度和广度，使学习的过程变得可持续。

（2）建筑设计教学由于其自身的特殊性，给其网络开放式教学的开展带来一定的难度。首先，建筑设计教学具备很强的师生互动性，MOOC 以教师为主体的视频授课模式不适用于建筑设计课程；其次，建筑设计教学遇到的问题具备随机性，普适性原理的授课模式无法解决学生课堂遇到的多样性的问题。以图片为载体，以社交网络为依托的 pinterest 可以一定程度上弥补现今被广泛采用的 MOOC 授课模式的不足，将部分课堂互动内容转移至课下，学生也可以通过 pinterest 社交网络链接大量的信息资源，利用主观能动性解决设计问题，移动应用网络和图片沟通模式使随机性问题的提出和解答都变得十分便携。

（3）pinterest 目前并不支持论坛式互动，方案生成过程只能以图片方式记录，如参考部分 MOOC 课程建设体系经验，将使授课互动的数据库建设更加完善，从而增强其后续课程教学的指导性。

总之，互联网对人类社会的政治、经济、文化等各领域产生了重要影响，传统教育模式也不可避免地受到了互联网的冲击。2013 年，中国同时发放了 3 张 4G 牌照，基于移动设备的互联网络基础建设的完备，给人们的工作、学习、生活带来的变化充满了无限的可

a) 随堂上传到 Pinterest

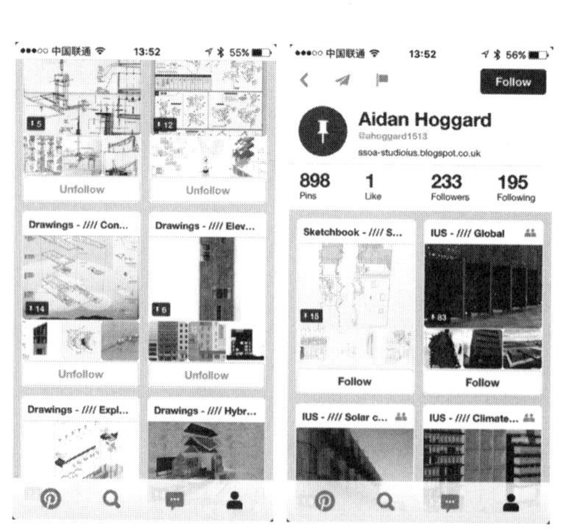

b) 通过手机移动访问 Pinterest

图 11　利用移动互联设备上传和访问 Pinterest

能[3, 4]，在这样的大背景下，2012 年我国掀起了网络开放式课程建设的热潮，传统建筑设计课的教育模式在不远的将来势必面临着顺应时代的变革。本次哈尔滨工业大学国际联合设计基于 Pinterest 网络互动式教学实践，是移动互联网框架下的一次教学实验，对当代中国建筑学教育具备一定的现实意义和参考价值（图 12，图 13）。

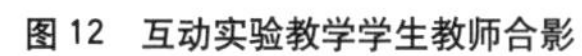

图 12　互动实验教学学生教师合影

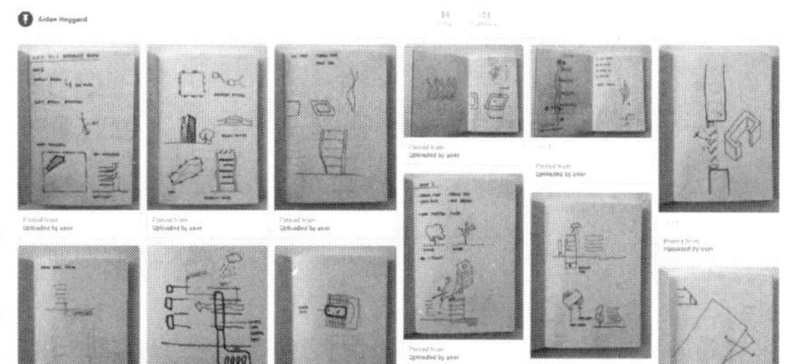

图 13 “谢菲尔德—哈工大”教学组 Pinterest Pinboard

注释：

[1] 王颖 张金磊 张宝辉．大规模网络开放课程 (MOOC) 典型项目特征分析及启示 [J]. 远程教育杂志，2013 (04)．

[2] 黄荣怀，张晓英等．面向信息化学习方式的电子教材设计与开发 [J]. 开放教育研究，2012 (3)．

[3] 吴保来．基于互联网的社交网络研究—— 一种技术与社会互动的视角 [D]. 中共中央党校博士学位论文，2013.

[4] 刘海峰．社交网络用户交互模型及行为偏好预测研究 [D]. 北京邮电大学博士论文，2014.

作者：席天宇，哈尔滨工业大学建筑学院　副教授；殷青，哈尔滨工业大学建筑学院　副教授；韩衍军，哈尔滨工业大学建筑学院　副教授；Aidan Hoggard，英国谢菲尔德大学　副教授

簇群设计

——大学生宿舍建筑设计的教学实践

胡晓青　张沛琪　吴劲松

Cluster Design: Teaching Practice in Designing University Students' Dormitory

■摘要：本文介绍了武汉大学大学生宿舍课程设计的教学成果，突出如何实现从问题到方案，从概念到逻辑的演变。通过对宿舍类型的调研分析，总结了在宿舍设计中的三大矛盾：经济与舒适、私密与公共、均质和差异。本文介绍了四个学生方案，通过单元的组合设计形成簇群，实现设计概念的逻辑化。
■关键词：宿舍　簇群
Abstract: This article introduces the coursework of "designing university students' dormitory" at Wuhan University. It focuses on how to realize the development from problem to scheme and from concept to logic. After investigating typology of dormitories, we summarize three major contradictions in dormitory design: economy and comfort, privacy and publicity, homogeneity and difference. This article presents four students' plans which realize their concepts and logics through composing units into clusters.
Key words: Dormitory; Cluster

大学生宿舍是学生日常生活中经常使用和接触的建筑类型。在武汉大学建筑学专业二年级的建筑设计课程教学中，布置大学生宿舍作为课程设计，旨在鼓励学生通过观察和调研，发现学生需求和宿舍建筑之间的矛盾，凝练宿舍设计的关键点，确立设计概念。引导学生通过宿舍单元及组合设计，即簇群设计，积极解决前期分析中发现的问题，回应分析之后所确定的设计概念。在建筑设计课程教学中，突出从问题到方案，从概念到逻辑的理性分析过程；帮助学生建立日常生活的观察和体验与空间设计的联系。

一、观察调研——问题导向的概念生成

在课程教学的前三周，教学重点在于鼓励学生发现问题，通过基地模型制作、宿舍环境观察、学生访谈、调查问卷、案例分析等方式，发现基地条件和宿舍建筑中所存在的问题，

并依此确立设计概念。总结前期分析结果，可以将宿舍建筑设计的关键点总结为以下几个方面。

1. 经济与舒适

20世纪50年代，我国大学很少有新建的宿舍楼，多是20世纪初留下来的老建筑。宿舍条件较为简陋，一般有十多人居住，少的也有8人。"文革"以后，大学开始扩招，这一阶段的宿舍依然大部分采用6～8人间。对南京某高校的七栋宿舍楼的统计发现，建于1960—1990年代的宿舍楼，房间面积介于15～18m^2之间，居住人数为4～6人之间。[1] 1990年代以后，随着新一轮的扩招，新建了一大批的学生宿舍。2000年始，个人电脑开始在大学生中普及，由于学习以及娱乐均依赖电脑，学生待在宿舍的时间大大增加。调查问卷结果可以看出，不论男生还是女生，除去洗漱时间，大部分学生在宿舍内的时间超过5个小时，表明学生宿舍从单一的居住功能向居住、学习、生活的多功能方向演化。这一事实与我国标准低、形式单一的宿舍现状存在很大的矛盾。在现场调研中发现很多宿舍由于人口和活动密度大，宿舍内拥挤且空气质量差。不良的宿舍环境易引起病态建筑综合症，特别是呼吸道疾病、湿疹、哮喘等。

我国高校大部分是国有制，学生宿舍采用校内主持建造和管理是其主要模式。高校后勤社会化以后，又出现了商品房出租模式和学校与开发商合作建设宿舍的合作模式[2]。这种建设模式使得经济性被过分强调，而舒适性却被忽视。因此课程设计教学中，在注意控制人均使用面积的基础上，突出对居住舒适度的考虑，包括对各种功能面积的满足和合理设计，关注室内环境质量，如采光、通风等；功能空间设计包括综合处理学习空间、休息空间、储藏空间、卫浴空间、交流空间等。

调研结果显示，有32%学生认为宿舍内学习空间不够用，在宿舍单元以及公共空间中应更多考虑学生学习的功能。调研中发现常见的家具布局方式是上床下桌，这种布局方式带来了室内空间的压抑感，影响室内的光线和通风效果。在教学中，鼓励学生打破这种常规的布局方式，在家具布置中既要考虑学生个人的领域感，又要考虑室内良好的环境质量和观瞻效果，便于形成良好的学习和生活环境；并鼓励学生推敲合适的书桌台面大小，以满足电脑工作和书写工作的结合，考虑书籍和学习用品的储藏空间使得收纳有序，设计合理的书桌组合方式，实现安静学习和方便讨论的气氛。

随着生活水平的提高，个人的生活用品和用具数量大大增加，尤其是高年级宿舍储藏空间显得十分不足。大量的私人物品无序堆砌，影响宿舍的整洁。在实地调研中，发现各类电器如电脑、饮水机等成为寝室必备，有的宿舍有洗衣机、取暖器，甚至还有小型的保险箱。调查问卷结果表明，超过一半的学生觉得储藏空间不够用，约40%的学生觉得储藏空间勉强够用；超过一半的学生鞋子在10双以上，衣物类超过30件，其中女生在各类用品的数量上都要多于男生。

随着宿舍标准的提高，独立卫生间开始大量采用。不可否认在宿舍单元内设置卫生间方便了学生的生活。但实际观察中发现卫生间布局在内侧，通风不好，异味很大；卫生间布局在阳台，挤占了晾晒空间，实际上影响了室内的美观和空气质量。清华大学紫荆学生公寓10间宿舍共用一组盥洗室、卫生间和楼梯。卫生间厕位数拥有率为8人／厕位，使用过程中很少出现拥挤情况；由于是公共卫生间，每天有专人负责清理，故卫生间的卫生情况有保证，效果很好。据调查，清洁情况与使用效率都比较满意[3]。

调研结果显示，阳台是很受欢迎的空间，这里是难得的宿舍成员共享的公共部分。虽然阳台空间原本具有很好的景观和光照条件，应该成为积极的交往空间，但实际调研发现阳台长期挂有各种晾晒的衣物，各种大件物品如自行车和空调室外机占据阳台。由于相关的贮藏空间考虑不足，使得阳台成为实际意义上储藏室，实在可惜。同时阳台加大了室内进深，一定程度上损害了室内的通风和采光。

2. 私密与公共

国内本科生年龄层主要在17～22岁，研究生主要在22～28岁，大部分处于青春期中期和后期。他们具有两方面的要求：一方面他们开始走向身体和心理的成熟，希望具有私密性和个性化的独立空间，如果这些功能空间界定模糊，往往容易引起不满和争端；另一方面他们喜欢群体生活，在与他人的交往和群体活动中，获得认同感和归属感。

大学生生活中的大部分时间是个人支配的，学生宿舍需要私密空间用以休息、学习、思考以及存放私人物品；私密空间往往是学生表达个性和交流情感之处。在调研中发现，男、女生寝室都有用布帘将床围护起来的情况；学生访谈中也有很多同学表达了寝室内相互干扰的情况十分经常，如接打电话对学习的干扰等。问卷调查结果显示，36%的同学表示希望有私密性好的小空间，32%的同学希望自己可以布置自己的空间。与私密性相关的另一重要概念是领域感。虽然是几人共处一室，但在日常生活中，各人逐渐形成各人的领域；通常是以床和桌子为中心，目前普遍采用的上床下桌的家具布局，更强化了这一领域感。这种私密空间的渴求不仅仅体现在睡眠空间和学习空间，同时也体现在公共交往空间。大学生相互交往的要求十分强烈，包括同性、异性之间的交往以及家人来校看望时的短暂会面。这些交往空间往往也有一定私密性的要求。

大学生正在经历从单纯的高中生活过渡到丰富多彩的大学，再过渡到复杂多元的社会生活，心理情况的变化多样频发；尤其是当代学生多为独生子女，在家庭中往往是全家人的重心，而进入学校之后成为集体的一员。事实证明，当大学生遇到问题时，如果缺乏沟通和疏导容易走上极端；复旦大学投毒案、马加爵案等引起社会对大学生宿舍人际关系的关注。健康有益的社会交往活动有助于缓解课程压力，疏解人际交往矛盾。学生宿舍是学生在大学期间生活的主要场所，在这里学生们不仅学习和休息，更重要的是通过与同学的交往，学习社会知识，锻炼综合素养，可以说学生宿舍是大学教育的第二课堂。

当代学生宿舍常见模式为以四人间为单元进行排列组合，房间内安排上床下桌的高架成品组合家具。同宿舍的人"背靠背"地生活在一起，空间局促，缺少交流空间。问卷调查结果显示，在房间人数的选择上有54%的同学倾向于四人间，26%的同学倾向于双人间，12%的同学选择单间，反映了学生相互交流的愿望和形成小团体的要求。在我国学生宿舍为了便于管理，往往很少设置有公共空间，学生在宿舍内的公共交往多是在走廊完成的。而调研结果显示，学生对于在宿舍内设置各种类型的公共空间具有很高的认可度。问卷结果显示，42%的同学认为宿舍中最缺少（或最不满意）的空间是交流空间，大部分同学表示希望在寝室里可以增设公共空间。最受欢迎的是自习室和多媒体娱乐室，接下来依次是健身房、便利店、洗衣房和厨房。当然各类功能的稀缺程度会受到学校及周边社区服务设施的影响。

而真正面临的挑战是如何使公共空间真正成为积极有效的交往空间，同时如何平衡公共空间和私密空间两者的关系。事实上公共空间往往因为缺乏责任和归属感，觉得这里可能属于任何人，也不属于任何人，而成为脏乱差之处，甚至引发矛盾。如罗莹英[4]对中国美院象山校区山南学生宿舍楼的调研发现：客厅在靠近走廊一侧，采光很差，白天也需要开灯，空间品质极差。在实际使用中，客厅具有更多功能，有的客厅成为宿舍内的自习室，部分学生集中在客厅学习和讨论；有的被装饰成为真正的客厅，四间寝室的同学可以在客厅运动、聊天；有的成了摆放自行车、不用的杂物的储藏间。大部分客厅成为进出房间和卫生间的走道，没有利用起来。可见公共空间的所属这一问题十分重要，其关系到日常的使用、清洁和管理。公共空间的布局一种方式是分散到宿舍单元，如两个宿舍单元可以共享客厅，在这种方式中需要注意控制公共空间的使用人数，如上述中国美院象山校区山南学生宿舍中16人共享客厅，带来了责任不清的问题。一种方式是公共空间独立于宿舍单元，由物业统一管理，这个方式虽然确保了公共空间的清洁，但损害了使用效率，也带来了经济成本。

私密性和公共性是学生宿舍生活中一对相反的欲望表现，两者之间没有清晰严格的区分，实际上表现出相辅相成的关系。人们在日常生活中通常更加喜爱既相对独立又相互联系的人为环境，这样既相对安静又能得到更多信息。在空间设计上不应机械地划分私密空间和公共空间，而是尽可能提供一系列具有不同程度私密性和公共性的空间，使室内空间环境形成清晰的梯度。在以私密性为主的空间里，保持相互联系；在以公共性为主的空间中，又包含半公共、半私密空间的因素。

3. 均质与差异

目前，我国高校学生宿舍单元平面的差别主要表现在不同类型（本科生、硕士生、博士生）学生的住宿标准的差异。很难兼顾不同性别、不同年级、不同专业的学生对空间使用的不同要求。同一宿舍单元平面的简单重复降低了设计和建造的复杂程度，但事实上忽略了不同类型学生的类型化的需求，也抹杀了宿舍设计创新的可能性。另外，常见的中间走廊两边宿舍单元的布局方式使得房间朝向差的学生产生抱怨的心理；调研问卷结果显示，南面朝向的学生79%表示很满意朝向，而北面朝向的学生83%表示不满意朝向。课程设计提出大学生宿舍建筑设计需要兼顾和平衡均质与差异两者的要求和矛盾，既保证宿舍单元的均好性，又考虑使用者的差异化的需求。

学生行为特点差异最明显体现在性别上。有研究表明，大学中男生普遍比女生体型更大，男生比女生高约10cm，体重重约11kg。调研结果显示男生在寝室时间超过5小时的比例远小于女生，女生对宿舍生活更为依赖；女生拥有的生活用品和衣服的数量明显高于男生，女生对储藏空间的要求很多，尤其是衣柜；女生的如厕时间和频率比男生要高，洗漱时间长，尤其是在生理期占用厕所的时间就更长了。而男生由于户外运动较多，对冲淋间使用频繁。调研结果显示，在宿舍中增设的体育用房中，男生最希望的是桌球，而女生最喜欢的是瑜伽室。这些性别差异对宿舍内部空间提出了差异化的要求。

不同年级的大学生的行为特点在生活习惯、作息时间、兴趣爱好等方面都有着明显的不同。大学一、二年级的课程相对较多，上下课时间和作息时间比较一致，生活较为规律。大三、大四必修课减少，选修课增多，寝室内生活规律开始变得不一样，生活不规律化。低年级学生也更喜欢参加社团活动和学生会活动等，生活丰富，待在宿舍内的时间较少。高年级学生集体活动的减少，享有更多的个人时间，待在宿舍的时间较多。毕业班学生或有校外实习，或准备考研，或打算出国留学，学生的生活更为不规律，宿舍环境和卫生状况糟糕。随着年级的升高，学生的生活物品越来越多，学生开始注重自我保养和装扮。

不同专业的大学生因为学习内容和方式的不同，对宿舍空间也有不同的要求。文科类的学生更喜欢就某一话题或时政进行讨论，他们更需要安静而又不影响他人的讨论空间。艺术类学生或者爱好者希望可以有练习的平台，如形体室或者乐器演奏室。性格差异上，文科类的学生相对理科生更为活泼，喜欢聚会。

随着我国高校后勤社会化的改革，新一代的宿舍设计有更多地考虑宿舍居住人群的差异化需要，做出更具人性化的新时代宿舍建筑。课程设计鼓励学生挖掘新时代学生的生活方式和行为特点，做出有一定时代特色的宿舍建筑方案。

二、簇群设计——单元组合的逻辑实现

该课程设计的基地选址在武汉大学凌波门湖滨宿舍区，选址位于校门入口处，北向面向东湖，基地南面是湖滨宿舍区。下面学生的方案回应在前期的调研和分析中建立的对于学生宿舍三大矛盾，通过单元的组合设计形成簇群，实现设计概念的逻辑化。

卢麒壬同学的方案（图 1）采用的基本单元为复式两人间，通过分层组织学习和睡觉两种活动实现动静分区，也同时实现了公共区域和私密区域的自然划分。每个单元从南向走廊入户，二层的卧室空间架在下层走廊之上，有效地压缩了公共交通的面积。北向的面湖通高大厅满足上、下层空间的交流需求，每个单元都有南北向的窗户，巧妙地解决了通风与采光的问题。走廊作为每日使用的交通空间，具有最为积极的交往功能。设计将宿舍里的交往活动概括为偶发性交往（如偶遇、停留、聊天等）、目的性交往（如电话、私人交谈等）和有组织的活动（如会议、排练、自习等）。对应这些活动，设计通过走廊的放大形成不同层次的交往空间。交往空间因为与走廊的直接串接具有很好的可达性，真正实现空间触发活动的意图。

陈婧慧同学方案（图 2）的基本单元有四人间 A、四人间 B 以及两人间三种类型，4 间四人间、1 间两人间和共享公共空间组合成一个簇群。以四人间为主，符合调研中大多数学生愿意住四人间的情况，同时搭配两人间提供差异化的要求。四人间均为复式，下层为学习空间，上层为休息空间；通过空间上的垂直扭转，实现南北向通透。每一个簇群内部共享一个功能性公共空间。位于走道一侧的公共空间起到对簇群内部使用者的吸引作用，聚集不同套间的使用者彼此交流。与走廊相联系的公共空间，大大增加利用率，同时公共空间的上下分层也满足不同活动的需求。

何悦同学的方案（图 3）采用单层四人间设计与跃层六人间为基本单元。通过四人间与六人间的垂直组合使得每一间宿舍都享有南向阳台，大量错动的室外空间为不同套间内的用户提供了垂直方向的交流机会。同时六人间享有一个二层通高的南向客厅，为使用者提供水

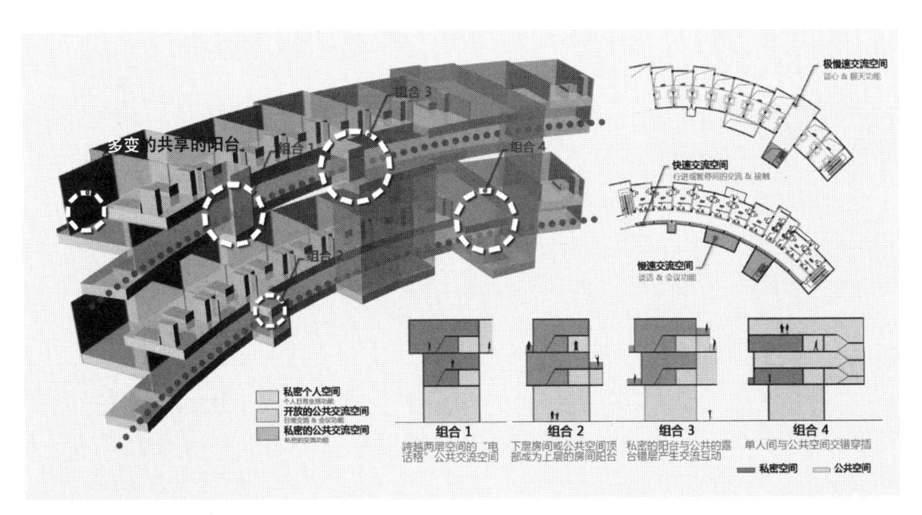

图 1　卢麒壬同学的方案

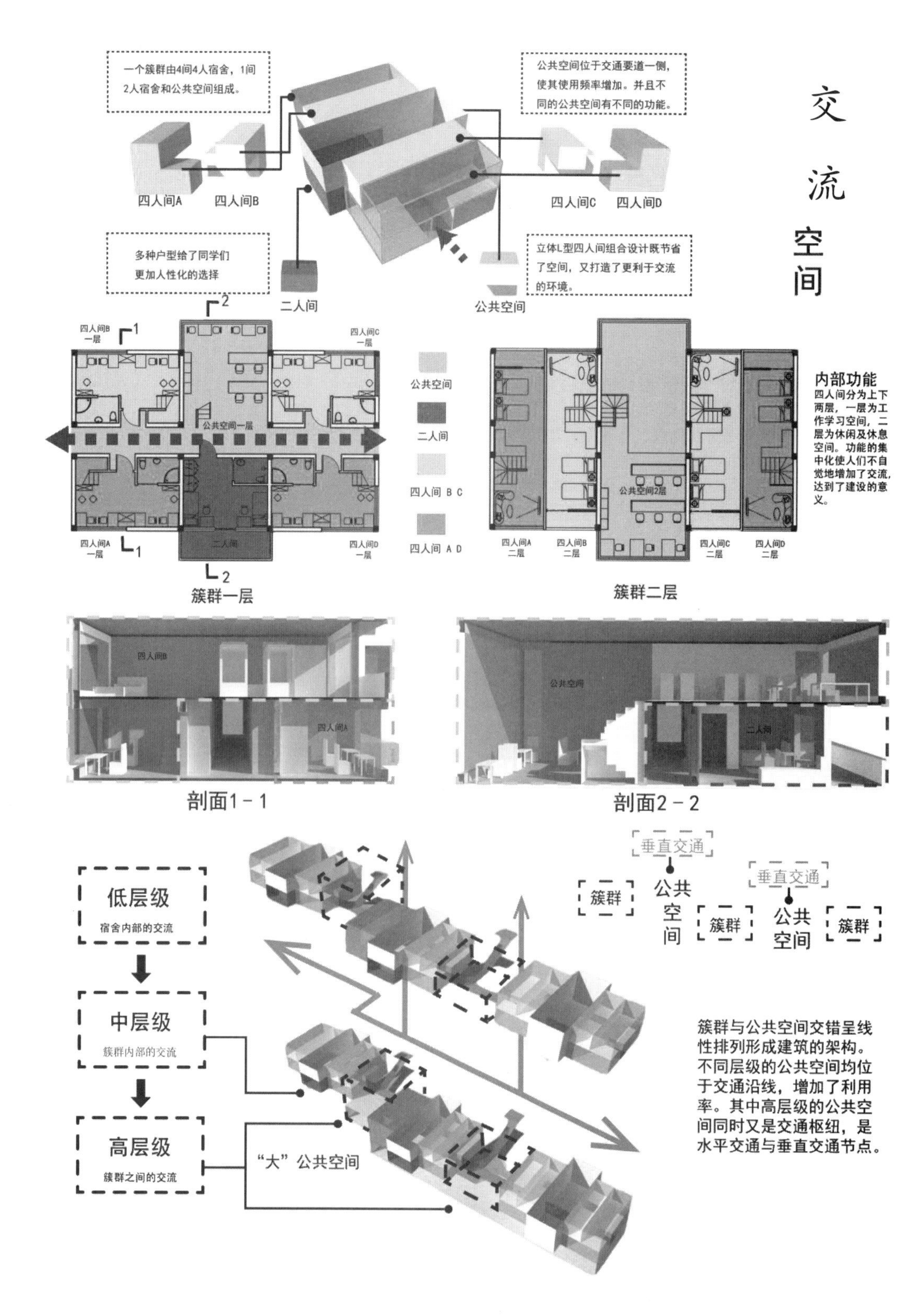

图 2　陈婧慧同学的方案

平向的公共空间。

吴劲松同学的设计（图 4）着重于解决北面宿舍单元的光照问题。通过对北面宿舍单元进行复式与错层的处理，确保每个宿舍单元都能享受到南向阳光的照射。在单元设计上，采用了标准的单元设计户型 A、通长形的户型 B 和复式户型 C。通过不同标高的走廊组织交通，巧妙实现所有户型的南向采光。

凹凸

大学宿舍设计

1 户型一
2 户型二
3 单元

为增加垂直方向的交流， 此设计采用了叠落的方式。 通过 “叠落” 手段， “错” 出了大量有趣的空间， 为所有住户提供了朝南的阳台。为达到如图效果，采取了四人间与六人间即户型一与户型二的搭配组合。A为户型一，使用a阳台；B为户型一， 使用b阳台，C、D为户型二，分别使用c、d阳台。a、b、c、d阳台上的人可相互交流。

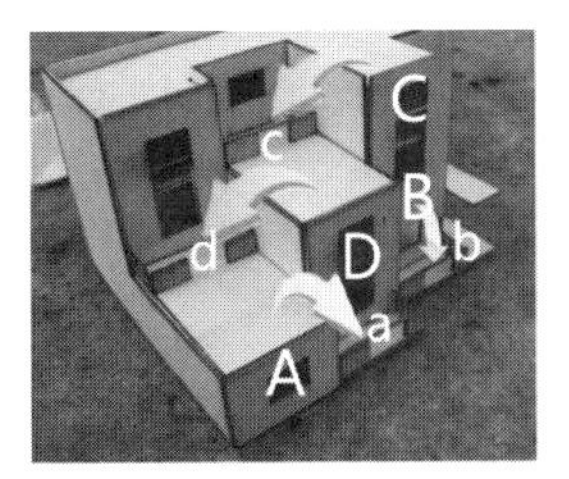

单元示意图

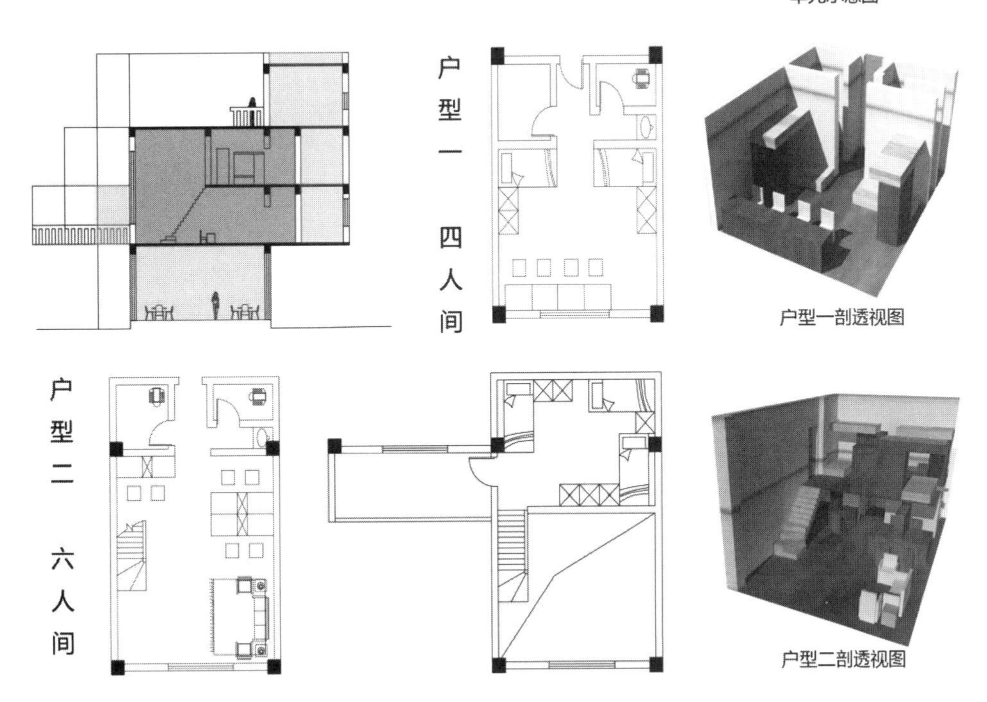

户型一剖透视图

户型二剖透视图

图 3　何悦同学的方案

阳光之家

本设计着重于解决北面宿舍单元的阳光照射问题。通过对北面宿舍单元进行复式与错层的处理，从而确保每个宿舍单元都能享受到阳光的照射。

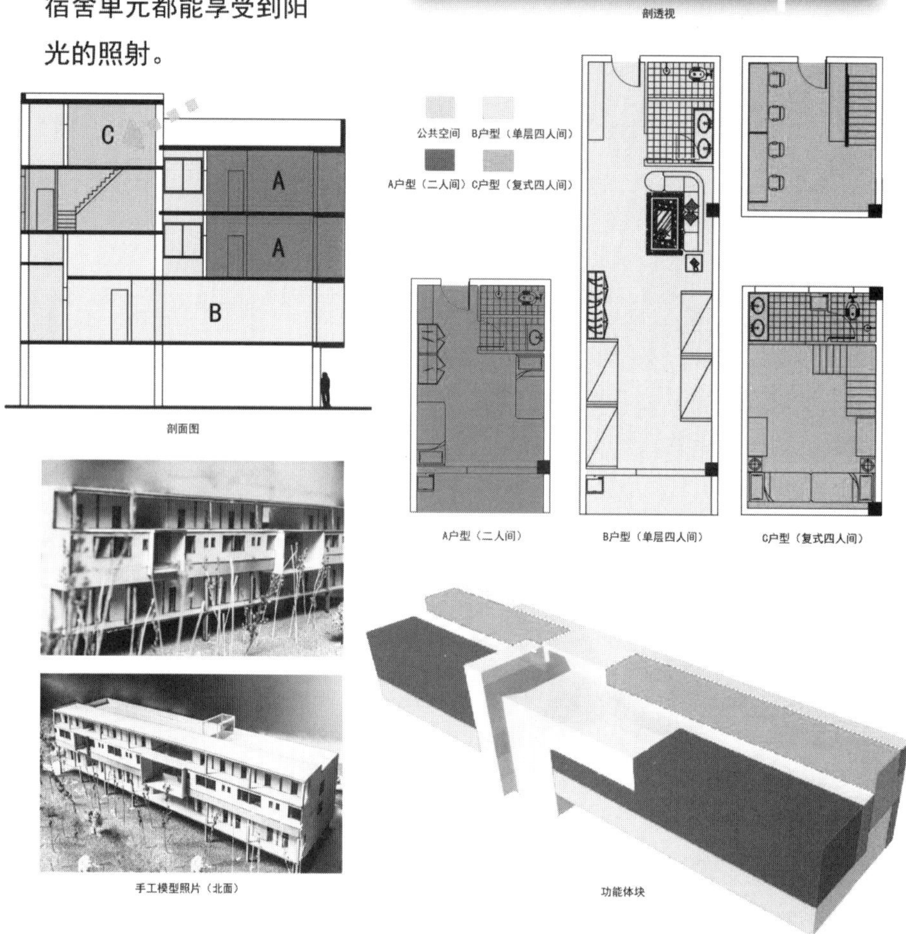

图 4　吴劲松同学的方案

注释：

[1]　胡弯．高校宿舍环境与学生健康关系的研究 [D]. 南京师范大学硕士学位论文，2014.

[2]　唐飚，任炳勋．我国高校学生宿舍功能演化及建设模式研究 [J]. 南方建筑，2006（12）.

[3]　王丽娜，高冀生．大学生公寓的研究与认识 [J]. 世界建筑，2003（10）.

[4]　罗莹英．基于大学生心理行为特点的高校学生宿舍设计研究 [D]. 华南理工大学硕士学位论文，2013.

作者：胡晓青，武汉大学城市设计学院　讲师；张沛琪，武汉大学城市设计学院　本科在读；吴劲松，武汉大学城市设计学院　本科在读

“空—地协同”的村落调查与记录方法框架

李哲　周成传奇　柴亚隆　祝正午

Method Research of Air-Ground Coordinated Village Investigation & Documentation

■摘要：传统村落既有地域文化和建筑特色，又与周边微地形环境有紧密的关系，在调查中准确记录空间数据和测量物理指标是遗产保护与乡村建设工作的前提。在当前普遍缺乏相关基础资料的现实条件下，空中与地面多种信息获取手段的综合运用，以及在此基础上的数据深度处理和环境模拟分析能够使乡村规划人员在短时间内充分了解并记录村落现状，事半功倍地获得设计所需的各种量化指标。本文以胡卜村案例为实验，阐述空－地协同作业的基本内容和工作流程，建立新的村落调查与记录方法框架。
■关键词：村落调查　“空－地协同”信息采集　物理指标采样　三维数据处理
Abstract：With distinct regional culture and architectural feature, traditional villages are closely related to their local environment, asking for accurate 3D mapping and comprehensive physical data sampling as the groundwork of village conservation and inheritance. Considering the insufficient data archive of traditional villages in China, the integration of aerial-terrestrial spatial & physical data acquisition technologies, as well as the following data processing, analysis and relevant simulation can present the quantified current preservation situation of traditional villages to the village planning managers and provide abundant reference data to designers. Based on the experiment carried out in Hu Bu village, this paper describes the essential working content and procedure of the new framework of village investigation and documentation.
Key words：Village Investigation；Air—Ground Integrated Data Acquisition；Physical Environment Sampling；3D Data Processing

可持续的乡村建设是十六大以来推动社会主义新农村建设的突破口，逐渐成为城乡建设领域的重点工作方向。“可持续”意味着在保护村落地域建筑文化、景观特色、原发生态性等成就的同时，确保新的整治、修建活动中结合新技术，创造更节能、舒适的居住环境，惠及千家万户。为了达到这样的目的，在村落调查中必然需要完成以下几项基础工作：

1. 充分记录村落原有建筑造型、街巷格局，以及周边地形、地貌等空间信息。

2. 测量并分析建筑内、外空间以及周边环境的物理指标。

3. 记录历史资料、文化活动、人的行为模式等，用作村落规划和民居设计的参考资料。

4. 对新的建设地点（如果有）进行同样的信息采集，并在建设过程中、建设完成后继续同样的物理指标采样工作，验证新村落的生态、节能、宜居效果。

因村落存量多、更新快，但现有资料少，实际村落调研活动在工作效率、数据完整度等方面仍有局限性，保护和修建规划所需的现状支撑资料不足，下面介绍胡卜村迁移项目中如何短时间完成现场调查。

一、“空–地协同”的胡卜村空间信息记录

胡卜村位于浙江省新昌县，原名梅溪，五代时期吴越国行军司马胡璟于公元 946 年前后退隐到新昌县，并按照古代的村落选址风水理论在七星峰南麓、小溪北岸建梅溪村并一直延续至今。后北宋汴梁兵马司卜曾德行高尚，告老还乡后亦选中此地定居，死后宋皇为其旌表，谥封新昌乡主。据此该村以胡、卜两姓居多，遂俗称胡卜村。村落地形山水环抱，属于比较理想的居住环境，仅西侧缺少砂山（小丘）拱卫，因此建村时种植了三排樟树，至今仍存一排古树群。村中明、清、民国时期的传统风貌民居建筑目前仍占约 70%，尤其街巷格局甚至地面铺装仍是旧貌。该村被列入县级文物保护单位的有 3 处，文物保护点 19 处。

然而这一千年宜居村落的历史止于 2015 年。为了解决宁波、舟山饮用水缺乏问题，在胡卜村下游 1km 位置于 2009 年开始兴建钦寸水库，预计 2017 年建成。水库预期蓄水高度刚好淹没胡卜村全域，因此全部建筑都需拆除清理，对于有价值的传统建筑按计划可就近迁建到南侧原来胡卜村的风水案山——蟠龙岗上（见图 11 中的地图），据此形成胡卜新村。

下游城市的饮用水刚性需求决定了村落迁移的必然命运，但村中的建筑遗产、生活特色也必须记录、保护和传承，如何在局促的周期内及时记录、分析并理解原有村落的空间特色？蟠龙岗新址环境不可能与原址完全相同，相当数量的传统建筑落架后在哪里选址、规划、重建？如何保证新村亦具有良好的居住环境？

胡卜村是我国乡村建设过程中比较典型的例子：在社会经济高速发展的大背景下，仍存传统风貌甚至一定数量古建筑的村落受到文物保护级别不足（例如县级）的限制，不得不服从经济建设洪流，承受快速拆迁压力，同时还面临遗产保护、传统继承甚至新村可持续发展规划的综合难题，参与调查、设计、规划的专业人员相应地承担多方压力。本文希望借此案例从技术角度总结新的村落调查、记录、分析的基本工作框架，解决整个设计流程中现状测绘、物理采样与分析的难题。其中三维空间信息获取是首要的基础工作。

通常建筑师可以获得的村落地形图只能反映每户院落的大致平面，建筑的三维信息需要建筑师自己获取，但村落因其蜿蜒的街巷和复杂的院落相互遮挡，难于实施快速激光扫描。胡卜村现有 600 多户居民，在水库快速施工的背景下，没有足够的时间用于测量，因此改为利用无人机低空摄影测量技术获得所有建筑的外部三维数据。

与传统的大地摄影测量竖直向下沿航线连续拍摄不同，测绘村落时无人机载的相机是略带倾斜连续拍摄的，尽可能无盲区地捕捉建筑侧面三维信息。以此方式完成 4 组低空航线，每组航线（见图 16）分别为东、南、西、北不同的倾斜方向，这样可以避免建筑的相互遮挡，获取建筑顶部、立面、地面甚至狭窄街巷的无遮挡的高分辨率照片（图 1），300 多张照片再经过摄影测量软件的处理，获得 5 亿个三维点坐标组成的村落点云模型（图 2），精度优于 5cm，满足测量门窗洞口位置和尺寸的要求；并且每个点都带有准确的 RGB 色彩信息，直接反映出地物的特征，在生成正射影像后与原有的地形图能够精确匹配，并增加了大量的彩色现状信息，直观性非常好（图 3）。

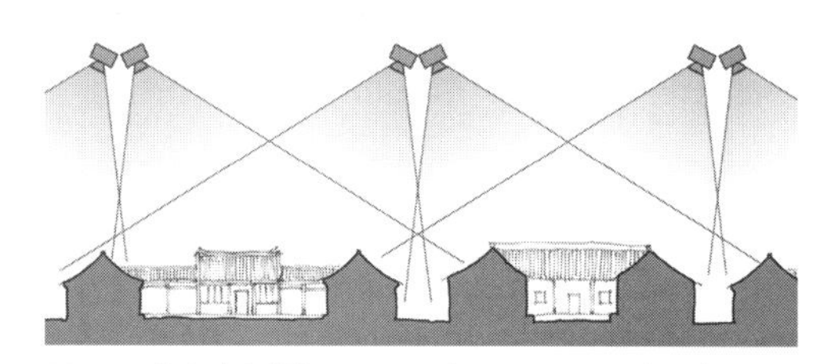

图 1　两向低空倾斜摄影测量示意图（实际为四向拍摄）

图 2　摄影测量生成的村落及周边地形密集三维点云模型

图 3　胡卜村彩色正射影像与当地测绘部门提供的原有地形测绘图准确叠加效果（局部）

一个小时的低空飞行拍摄之后，再使用地面 RTK（测量型 GPS）获得数个控制点坐标，即完成外业，效率很高。室内房间分割、楼层划分是低空摄影测量无法获得的，必要时人工测绘加以补充，但由于已有全部的外空间数据，大大降低人工测绘难度，显著节省测绘用时。从图 4 可以感受到低空摄影测量对建筑外表面测量的精细度。此种直接利用点云数据生成正射影像的方法一定程度上避免人工描绘，省外业的同时也省内业，提高调查和分析效率。

低空摄影也是村落调查中图像记录的重要手段，可用高分辨率的图像高效率地记录吻兽、雕饰、铺地（图 5）等建筑装饰元素，配合地面调查能够尽可能完整地记录村落的空间与视觉信息。

点云或正射影像并非最终的空间信息采集成果，规划和设计需要多种多样的分析和统计信息，例如建筑的平均高度、道路坡度、高宽比、曲折度等。

山南缓坡地的胡卜村内道路两侧均有砖石铺设的明渠排水沟，以将地表径流引导排出，经过农田汇入梅溪。那么街巷以及排水道的布局、走向是否与地形坡向完全一致呢？每一段路的排水坡度是多少？新建村落如何达到相同的天然排水效果？准确记录村内自然排水坡向、坡度信息是必要的。排水坡度度量只需要在三维点云模型上沿街巷纵剖即可得到，但村址下面的地形数据需再用目标自动识别、分类的方法，将模型中的建筑去除并插值填补建筑下的地表数据，才可以还原村落建设前的原始地形，两者相比较得到道路方向与地势的吻合度。

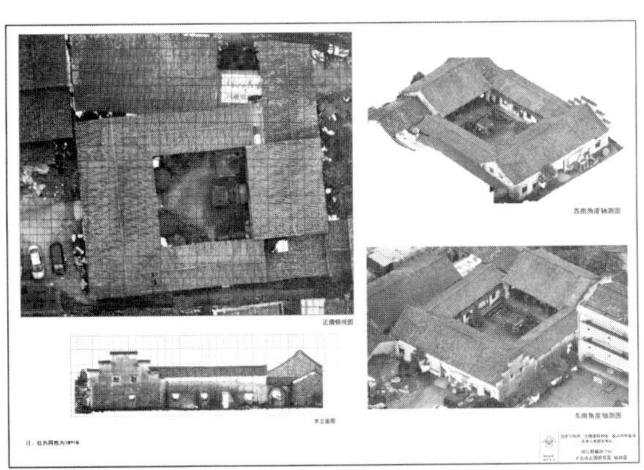

图 4　低空摄影测量获得的建筑单体测绘图（胡卜村乡主庙）

图 5　低空拍摄手段记录民居院落内卵石拼花铺地

点云分类是村落空间特征分析的关键一步。将相对完整且带有 RGB 的点云输入 Cloud Compare 这样的点云空间分析软件，可以自动化或半自动化完成各种室外统计信息的提取。例如通过 Hidden point remove 算法在顶视图中删除墙面数据，再按高度、颜色、P.C.V 算法等手段筛选后去掉地面、农田、树林，最后只留下屋顶。用相似的方法还可以分离植物、墙面、街巷等不同的地物（图 6），其中街巷和院落地面数据就可以用来插值填充计算得到大致的村址原有地形数据，利用此地形数据不仅可以计算道路格局吻合度，还可以结合其他信息得到更深入的结论。如据历史资料记载，村中原有水井 15 口，均布于村址各处，民国以后至今，在地下水量减少的情况下，仅在地下水的富集位置存三口井，但其连线呈东北—西南走向贯穿村中，村民取水仍然便利，这与计算得到的村址坡向以及周边北、东、西山体的分布完全匹配（胡卜村周边的地势略呈东北高、西南低），令人感叹古人村落选址的准确性并惠及后代千年。

利用分类后的三维数据还可以获得更多的空间信息，并且算法多种多样。以屋顶朝向、坡度计算为例，传统方法是将分类后的屋顶点云转化为 DSM 模型，输入 ArcGIS 软件后，利用其坡度、坡向计算命令得到；也可以直接利用 CloudCompare 的点云法向量工具，直接计算屋顶点云的坡向、坡度，并用伪彩图表现出来，如此可以快速统计胡卜村建筑的朝向规律、新旧建筑比例、当地传统民居屋顶构造等结论，并且直观可视（如图 6 右侧）。

如此可以建立从测绘到空间特征分析的快捷操作流程。其中每一步都是必不可少的并且必须保证数据高质量，例如只有精细的低空摄影测量才能生成每个民居的完整、精确屋顶点云，这样法向量算法才能根据相邻三维点的高度变化量自动识别每一坡面和计算坡度。在此基础上，再加入手工测量的室内空间数据并结合历史资料，用这一方法可以充分了解胡卜村的内、外空间特点，挖掘其中隐含的规律。

二、基于精细三维数据的胡卜村物理环境模拟

低空摄影测量获得的点云及 DEM、DSM 模型不仅可以支撑后续大部分的外部空间分析工作，还用于微地形条件下准确的物理环境模拟。图 7 中是为了比较老村与拟建新村的南侧蟠龙岗的环境差别，使用基本地形数据进行的风环境模拟，这样大尺度的模拟可以基于谷歌地球等较低精确度的免费地形数据，若对胡卜村这样的更微观地形或目标进行风环境模拟，基础地形数据的精度就捉襟见肘了，使用低空摄影测量获得的建筑和微地形数据相对更为精确（图 8），尤其对于图 9 街巷、院落级别的环境分析，只能使用低空获取的精确建筑模型来完成，不论卫星照片或黑白地形测绘图都达不到精度要求。若以单个住宅作为模拟对象，

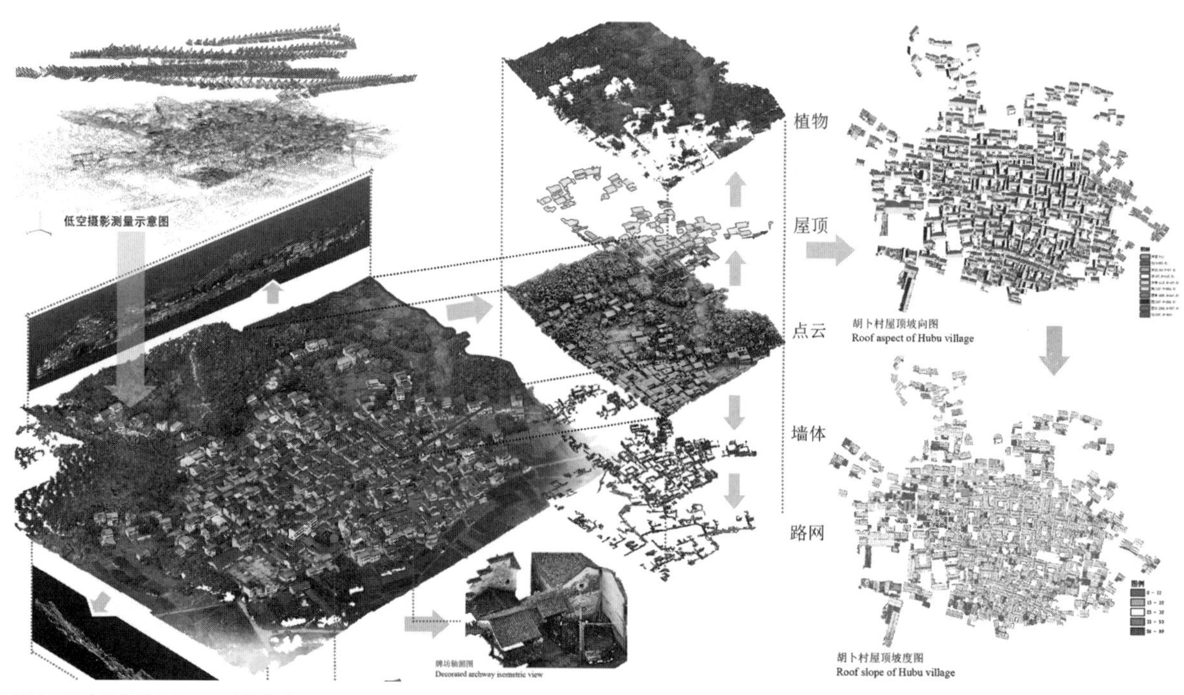

图 6　从建筑测绘记录、三维信息获取到目标自动提取、快速分析、精确统计的工作流程

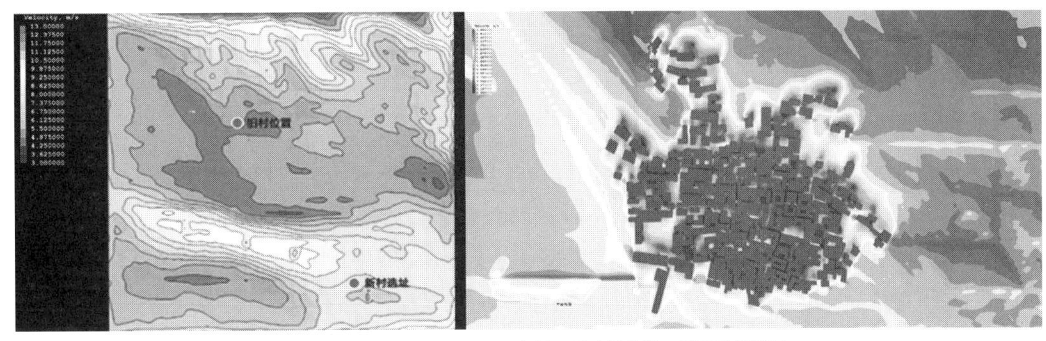

图 7　全域夏季风速模拟图　　图 8　老村民居建筑整体夏季风速模拟图

还需要建筑准确的高度、屋顶形状、门窗洞口位置尺寸、室内分隔数据，这些细节对于气流计算结果影响是十分明显的。

上述风环境模拟示例说明对于村落物理环境分析，必须要基于不同尺度、不同精细度的空间三维数据才能完成，既包括建筑测绘图，也需要高精度的微地形甚至植被三维数据。目前我国境内卫星获取的基本地形信息精度不高，尤其特别缺乏建筑的三维尺度信息，不满足村落尺度上的风环境等各种物理指标模拟，特别需要空 – 地配合的现场测绘作业。

高精度的现状三维数据亦有力支撑了图 10 中的太阳辐射量计算，精准的建筑顶部坡度和朝向数据，尤其院落内和周边植物的高度、树冠尺度数据，准确地反映了每个单体的日照实际情况。例如图中村西边南北向排列的古树群明显具有最强烈的遮阳效果，推测创造出凉爽的树下活动场所，地面调研验证这里正是夏季村民最喜爱的社交场所，村民与古树林的感情至深，拟将其全部移栽新村。

三、“空–地协同”的胡卜村物理环境实测

和计算机模拟相比，实测更有利于了解当地新旧建筑热工性能并比较新址与原村落的环境差别，选取具有代表性的 6 个测量点（图 11）布置温湿度记录仪（HOBO UX100），每隔

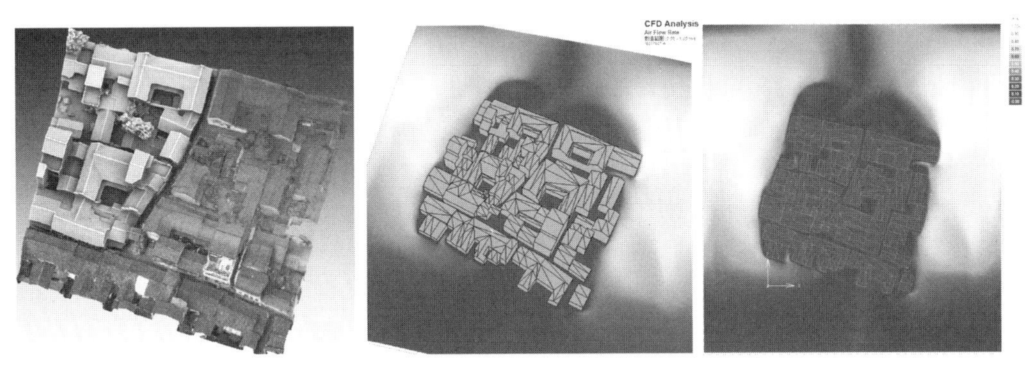

图 9　基于低空摄影测量模型的街巷及院落级别的风速模拟图

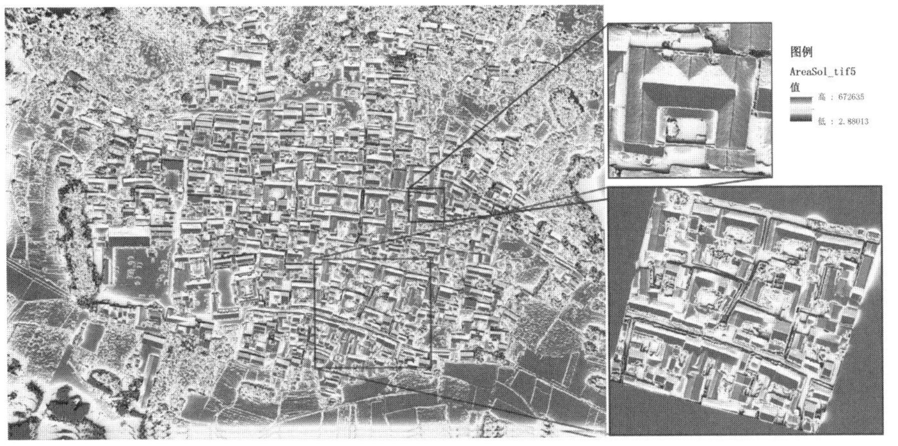

图 10　基于 DSM（包含植物元素）的太阳辐射量 ArcGIS 快速模拟结果（按照时间 5 个月、北纬 29.14° 计算）

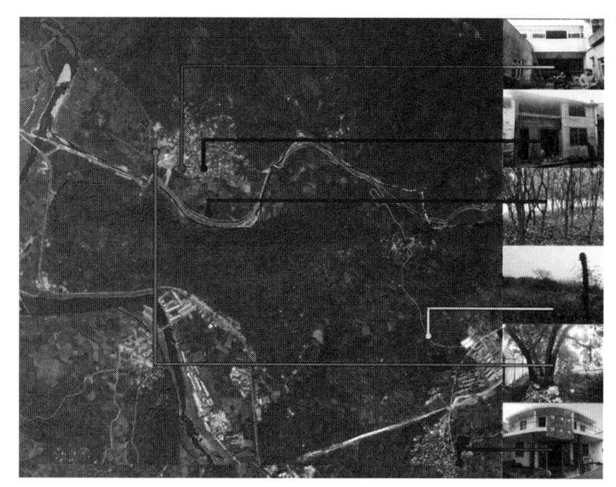

图 11　24 小时温湿度记录位置。测量时间：2014 年 12 月 20 日 15 时到 2014 年 12 月 21 日 15 时。

5min 测量并储存一次数据，记录了 24 小时一个昼夜周期内的温、湿度数据（温度曲线如图 12）。

6 个测量点温湿度曲线比对结论与前述模拟结果相吻合，并提供更准确的随时间变化量：在南方非采暖区冬季温、湿度变化主要受昼夜更替的影响，9：00 和 17：00 是各处温度最相近的时间点，此时室内外温度一致性最高。从变化幅度上看，在所有室外测量点中，老村古树林下的空间具有最好的热安定性，昼间树冠遮挡了强烈的日照辐射，夜间也像棉被一样遮盖地面，防止地表热辐射直接散失。此外，温度变化与地形和建筑的朝向密切相关，东南向建筑、西北高东南低的草地在早晨都容易更早地受日照辐射而升温，例如 7：00 到 9：00 之间，新址草地、东南朝向民居室内升温更为明显，据此可以认为新村拟选址的具体位置（图 11 中第 4 个测量点图片所示）具有与胡卜村东高西低相反的坡向，是有利的一面。对于传统硬山顶的民居建筑，朝阳一面的坡顶接受的太阳辐射最多，且当地传统民居的坡顶仅敷设有檩条和阴阳瓦两种材料，没有保温层，因此村中老屋与新建的混凝土住宅相比，屋顶瓦受日辐射影响白天温度迅速提高并直接传递给室内，温度升降幅度更大。此外，本次采样选择的老村老屋建筑临街向北开门，因此朝北老屋开放厅堂室内的温度变化更大，甚至与大树荫蔽下的条件类同（参见图 12 中 A、D 两种曲线的高重叠度）。

在胡卜村新建房屋测量点（B 曲线）中，上午的温升最小而下午的温升剧烈，与其周边环境密切相关。从三维点云上观察，发现该建筑顶部有大量绿植，而且东、南紧邻其他住宅（图 13），上午的日照大多被遮挡，只有当下午混凝土西山墙直接受到辐射后，产生明显的温升，并且在日落之前都不曾降低。这说明不论物理环境模拟或实测，数据分析都是建立在空间三维测量的基础上。

地面采样点的数量是有限的，因此在地面温湿度记录的同时，还使用无人机携带红外成像仪从不同高度分别对已有建筑以及蟠龙岗上的新选址区域进行热辐射记录。拍摄从清晨 6：00 日出前开始，每隔两小时拍摄一次，直至 18：00 黄昏结束。

和地面持续温湿度记录相比，红外图像受到物体表面辐射性能、空气干扰等因素影响，绝对温度测量不准确，时间连续性较差，但其一次拍摄可比较大量目标的表面辐射量差别，目前红外成像仪大多局限于地面使用使这一优势并不明显，当其和无人机平台结合后在空中拍摄的覆盖范围更大，可以比较不同地物之间的微小温差，并获得屋顶、山顶等难于测量的高点表面温度。例如，图 14 反映出在 6：30 日出过程中山顶向阳坡的温度最高，其中部分东南坡的辐射强度已经落入彩色成像阈值；而此时建筑顶部的温度最低，与建筑构造相吻合，说明屋瓦传热较快，夜晚温度较低，在没有檐下保温层的传统民居内是室内最主要的冷辐射源。图 15 反映屋顶在正午成为最高温的物体，而且坡顶建筑的温度高低与建筑的朝向相关，东南朝向

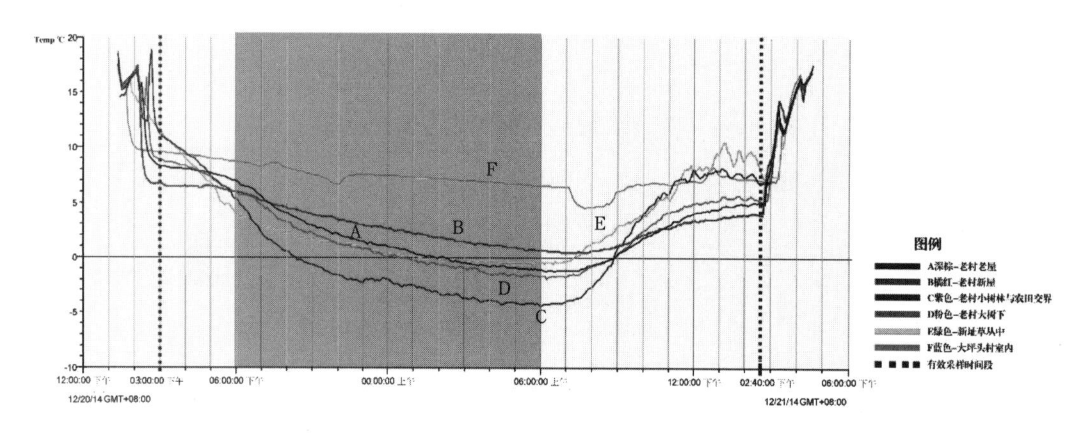

图 12　6 个测量点 24 小时温度变化曲线图（天气状况：20 日，晴，10℃～–2℃，无持续风向 ≤ 3 级；21 日，多云转晴，温度 8℃～–3℃，无持续风向 ≤ 3 级）

的屋顶温度略低于正南向屋顶，结合图 12 的记录，说明东南向民居在清晨更早得到温升，中午则更为缓和，因此东南朝向的民居的温度稳定性更好。低空红外拍摄结合地面实测，是揭露这样细微差别的适宜手段，用软件模拟难以确定。

地面温湿度记录和低空红外拍摄的结合已经挖掘和记录大量的热工特性，但实测数据仍然是局限于地面的，不像计算机模拟手段可以计算整个微地形环境中的任意高度位置的物理指标。传统村落居住环境与微地形气流和热量运动密不可分，物理数据获取位置不应局限于地面，应扩展到低空中，达到完整的空间矩阵化物理采样。无人装备在信息获取方面具有多功能性，它不仅可以携带红外成像仪，还可以安装温度计等多种多样的传感器，按照图 16 显示的航线往复密集飞行，得到某一高度层的气温分布图，若在不同高度层重复这一采样，就能够测量整个村落地势中的气温梯度分布。

限于工作周期，这一实验尚未完成，其可行性分析如下：

1. 数据等时性：若按照 30km/h 的中等速度飞行，图 16 中的密集采样航程仅需要 7min，对于稳定的天气条件，数据可以认为具有等时性。

2. 平台干扰：飞行平台可缩小到仅有几百克重，对于数百米尺度的大空间，可以忽略其气流的干扰。此外温湿度计传感器的外围还应安装遮光的通风罩，避免飞机航向改变的情况下日光直射对传感器的读数干扰。

3. 测点位置准确性：温度传感器读数有一定的滞后，因此这一装置测试后应当按照连续前飞的速度设置对应的采样提前量，修正位置误差。

用同样的方法还可以测量风速、风向等指标，但每种传感器的要求是不同的，因此要达到准确的矩阵化采样，还需要今后更多的测试。

图 13　新住宅采样点顶部绿植并在东、南、北三面紧邻其他建筑，仅西墙完全暴露出来

图 14　清晨 6：30 日出前后建筑顶部具有最低的温度

图 15　中午 12：30 南向建筑顶部温度最高，东南向建筑较低

图 16　摄影测量／空气温湿度矩阵化采样航线示例

四、“空–地协同”的村落调查与记录基本工作框架

根据上述胡卜村现场作业与数据分析实验，总结村落调查与记录基本工作框架如图 17。

这一框架整合了三维测绘与空间矩阵化物理采样两种外业，也串联了空间信息采集与空间数值分析两个步骤，构成相对完整的村落现状资料获取流程。朱友利在硕士学位论文中提出的在聚落研究中要把物理环境和村落空间及居民社会行为综合起来分析已是本领域公认的必要研究方法，但实际调研时获取资料的能力是最主要的瓶颈。目前对于 GIS 空间分析类软件数据处理方法的研究已经相当成熟，本文提出的框架主要以低空 – 地面配合作业方法填补微地形、微环境数据获取的缺环，极大提高数据的丰富、完整、精细度，满足从村落整体到建筑单体多层级分析的需求。高质量的数据也简化了后续的内业操作，达到更高的自动化程度。

基于卫星遥感数据的村落空间信息研究在尺度上适用于土地清册、城镇发展预测等城市规划或经济地理领域工作，在建筑保护、村落规划领域来说细节不够。以往的村落物理环境模拟只能用低精度的地形数据模拟总体环境，微地形高精度数据一直是个缺环，这对模拟结果有明显影响。例如庄乾闳在硕士学位论文中研究的王家大院是建立在一块倾斜台地上，在缺乏整个台地测量数据的条件下仅对建筑模型计算是不可信的。本文中的工作框架同时解决了微地形与建筑两个目标准确三维数据获取的难题，使得计算机模拟结果更接近实际值。

软件模拟已经是建筑物理研究的通用工具，绝大多数研究都主要依靠模拟推测研究对象的环境指标。在当前模拟强、实测弱的不平衡背景下，提高物理环境实测技术水平具有实际意义。物理数据采样不再局限于地面几栋房屋的个别点位，在周边空间环境中立体化获取的数据矩阵可以与兴趣点实测数值互为补充。作者后续研究中将在水库蓄水前完成图 16 所示的空中不同高度立体化温湿度及风环境采样，水库蓄水后再次进行测量，以前后比较分析

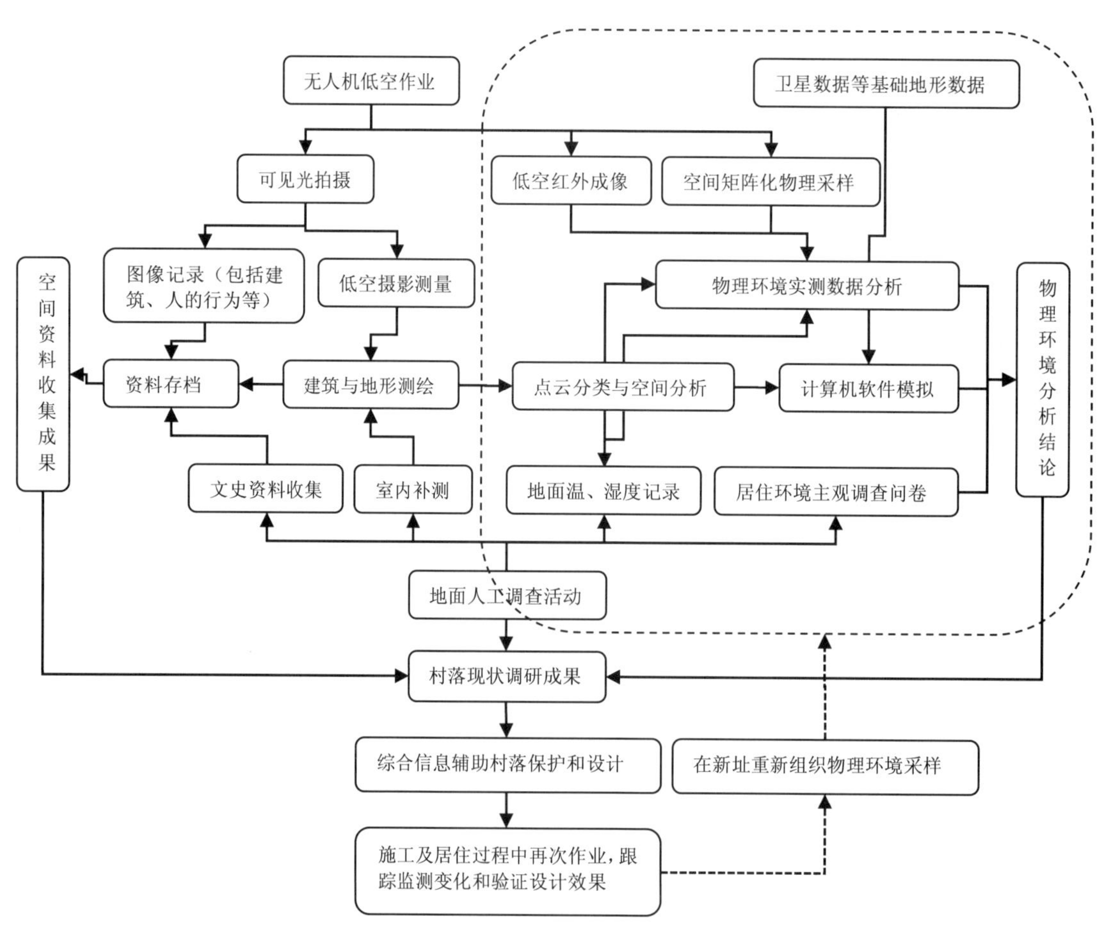

图 17 “空 – 地协同”的村落调查与记录基本工作框架

水体面积显著增加后对当地物理环境的影响，这与新址的选择也是密切相关的。若不实施空间矩阵化采样，测量点局限于原有建筑，则无法实施此种前后对比。

同理，在新村建设过程中和建设完成后，还需要基于框架中的物理采样部分进行跟踪监测，以验证设计的节能、宜居效果。

五、结语

"高勿近旱而水用足，低勿近水而沟防省。"古人通过对自然山水的观察与利用总结出一套选址与营建的朴素经验，意在构成"山水汇聚，藏风得水"的人居环境。这接近当今环境领域"空间环境学"、"空间生态学"的研究内容，本文提出新的调研工作框架，期望成为村落微地形空间环境学研究的有力工具，科学量化古代的朴素概念或理论，辅助我国目前越来越多的村落保护与更新设计。该基本型工作框架并不完备，其中物理环境分析部分根据各地村落实际情况，还可以在温、湿度分析的基础上扩充更多的物理环境指标；在时间周期上，还应该根据地域气候特点，选择不同季节的典型天气条件多次实施实地物理环境采样，前后比较才具有足够的数据可信度。

（基金项目：国家自然科学基金资助，项目编号：51478298；国家科技支撑项目课题资助，项目编号：2014BAK09B02）

参考文献：

[1] 高云飞，程建军，王珍吾．理想风水格局村落的生态物理环境计算机分析 [J]. 建筑科学，2007,23(6).

[2] 庄乾阔．基于王家大院中所蕴含的风水理论的建筑物理环境研究 [D]. 北京建筑工程学院硕士学位论文，2012.

[3] 娄云．深圳市下沙村物理环境优化设计研究 [D]. 哈尔滨工业大学硕士学位论文，2012.

[4] 王金沙．山地城市建筑群微气候的测试与评价 [D]. 重庆大学硕士学位论文，2007.

[5] 吴瑶．基于空间信息技术的聚落体系研究 [D]. 四川师范大学硕士学位论文，2013.

[6] 李坤明，赵立华．珠江三角洲地区村落热环境模拟研究 [J]. 南方建筑，2014.

[7] 韦娜．西部山地乡村建筑外环境营建策略研究 [D]. 西安建筑科技大学博士学位论文，2012.

[8] 朱友利．西藏林芝地区传统民居气候响应技术研究及其评价 [D]. 华中科技大学硕士学位论文，2011.

[9] 宋靖华，赵冰，熊燕．郭希盛聚落生成影响因素的量化分析方法 [J]. 土木建筑与环境工程，2009,31(2).

[10] 邓运员，代侦勇，刘沛林．基于 GIS 的中国南方传统聚落景观保护管理信息系统初步研究 [J]. 测绘科学，2006,31(4).

[11] 王炎松，吕晓航．基于 GIS 的传统山地村落选址与布局的生态适宜性分析研究 [J]. 华中建筑，2011(10).

[12] 郭飞，刘术国，祝培生．建筑围护结构缺陷的红外热成像检测案例解析 [J]. 建筑科学，2012,28(5).

[13] 唐雅芳，张志远，唐晨浩，王骅，徐勤，陆津龙．建筑红外热像检测的一些影响因素 [J]. 化学建材，2008,24(6)

[14] M. Dunbabin, L. Marques. Robots for Environmental Monitoring: Significant Advancements and Applications[J]. IEEE Robotics & Automation Magazine, 2012,19(1).

[15] Karen Anderson, Kevin J Gaston. Lightweight unmanned aerial vehicles will revolutionize spatial ecology[J]. Frontiers in Ecology and the Environment, 2013,11(3):138–146.

[16] N. Brodu, D. Lague.3D terrestrial lidar data classification of complex natural scenes using a multi-scale dimensionality criterion: Applications in geomorphology[J]. ISPRS Journal of Photogrammetry and Remote Sensing,2012(68): 121–134.

[17] Peter A. Burrough, Rachael A. McDonnell, Christopher D. Lloyd.Principles of Geographical Information Systems[M]. New York:Oxford University Press, 1998.

作者：李哲，天津大学建筑学院　副教授，"建筑文化遗产传承信息技术"文化部重点实验室　副主任；周成传奇，天津大学建筑学院　硕士研究生；柴亚隆，天津大学建筑学院　硕士研究生；祝正午，天津大学建筑学院　硕士研究生

利用课外学习系统推进教学整合

——华中科技大学“环境—行为”课程系列教研试验

沈伊瓦　谭刚毅

Promoting the Integration of Teaching by Extracurricular Learning System:Teaching and Research Test on “Environment-Behavior” Course Series in Huazhong University of Science and Technology

■摘要：华中科技大学建筑学系依据建筑学专业特点，利用课外学习系统推进“环境—行为”课程系列的教学整合。跨年级学生自主学习团队展开了两组课外实验研究，跨越现有课程内容边界，取得了较好的教学整合效果。课外系统的维持、推广和深化还有待后续深入。
■关键词：课外学习系统　教学整合　“环境—行为”课程系列　自主学习团队
Abstract: According to the professional features, Department of Architecture of HUST tries to promote the integration of teaching of "Environment-Behavior" course series by Extracurricular Learning System. The independent study team of student cross-grade approached two experimental researches extracurricular, which across the existing boundaries of courses and achieved good results. Maintain extracurricular system, as well as to promote and deepen the depth to be follow-up.
Key words: Extracurricular Learning System; the Integration of Teaching; "Environment-Behavior" Course Series; Independent Study Team

一、课外学习系统的背景

作为一门应用性很强的高等工科专业，建筑学的教学系统及其组织运作的特殊性之一在于建筑设计课程贯穿五年专业学习，其他各门课程都以循序渐进地整合进设计过程为最终教学目标之一。教学整合的实现将跨越各门课程的边界，现行的各门课程独立的教学大纲和课内教学系统难以独立胜任。

课外教学系统是华中科技大学建筑学系尝试的解决方案之一。一般而言，课外学习的目标针对课内教学在学时或组织方式上的缺陷，对教学内容进行有效地拓展、补充、提升和整合，是高等教育中重要的学习方式之一。针对建筑学专业的特征，建筑学系推荐了具有专业特色的课外教学类型：讲座系列、MOOC 网络课程等平台、自主参与竞赛和各种类型的社团活动，等等。自由选择、开源、互动等特性使得课外教学能一定程度上激发学生的学习热情，有效拓展知识技能。但是完全自主的课外学习所获取的知识或技能难免零碎片面，如能让课外教学形成系统，就有可能避免上述问题，真正有助于学生知识与技能的整合提升。这就需要相关课程任课教师的适当参与组织。

华中科技大学建筑系推荐的另一个解决方案是教学整合试验。将有较多关联的课程在教学大纲和练习设置上配合起来，帮助学生在掌握各部分知识的基础上练习设计技能，并提升至发现和分析相关问题。教学整合试验的目标是培养学生的综合能力，尤其是理论类推和应用技能。

二、“环境—行为”课程系列

“环境—行为”研究及相关课程是建筑学课程体系中比较特殊的一类。它并不内涵于建筑学科，而是现代心理学的一个重要分支，有其自身的研究范围、方法和逻辑。但对于现代建筑学科的发展而言，“环境—行为”相关研究具有重要的、多重维度的影响。其理论规律不仅作用于建筑设计的环境对象，同样也作用于设计工具和设计者；其研究方法也被广泛应用于设计调研与分析中。例如，设计者在观察体验设计图纸和模型时的“环境—行为”规律与体验其他外部环境时的规律是相通的。因此，“环境—行为”相关研究对于建筑设计的价值可以分解为两条关联的线索：其一是对环境的认知与分析；其二是对设计媒介的认知、分析与应用。

基于上述认识论原则，我们在原有“环境—行为研究概论”的基础上，初步调整建构了以三门课为理论知识线索，三门课程为应用技能专题，配合衔接各年级建筑设计课程的本科“环境—行为”课程系列（表1）。其中，“视知觉与设计表达”为综合性入门课程，从理论上梳理广义的环境认知的对象和可能的问题域，通过小型的体验性练习帮助学生获得整体性的观察认知技能。课程系列还重新定位了原有课程“画法几何／工程制图”与“设计美术”，将其从单纯的设计媒介技巧和标准，提升为对设计媒介的表达能力及其心理根源的认知、分析与应用。例如“画法几何”的内容拓展至初步了解画法的历史发展以及文化差异，等等。各门课程有独立的教学大纲和教学目标，但其所传授的知识或技能又都遵循“环境—行为”的共同研究线索。

三、“环境—行为”课外学习系统的构想

“环境—行为”课程系列跨越本科学习的多个年级，在不同阶段以不同线索与建筑设计课程相交；课程系列自身的整合及其与设计课程的整合具有同等重要的价值。该系列大部分课程学时数较少（16 ~ 24 学时），仅能解决自身的议题，对课程之间的整合有心无力。课外学习系统有可能成为有益且必要的补充。

建筑学系推荐的课外学习系统有多种形式，各有其优缺点。“环境—行为”课程系列的长周期（从一年级到四年级）和知识特性，让我们决定尝试以问题为导向的纵向创新团队建设，只要这些问题域在“环境—行为”研究的大框架内即可。帮助对某些具体问题感兴趣的团队展开研究，提供必要的帮助以维持一定周期的运行。兴趣团队跨越年级、专业，设立小型“环境—行为”研究目标，通过自主学习和实验设计实施，帮助各个年级学生达成不同的整合目标。这种模式有可能与课内教学系统达成较为全面的互补，从内容到形式上都是如此（表2）。

团队研究实质上即意味着合作学习法主导。团队成员之间进行有组织的交际式的信息交换，每个成员对自己的学习负责任，同时也为促进其他成员的学习而努力[1]。合作学习法强调社会交际在学习中的主要作用，是对皮亚杰学习理论的一种应用，它本身也正是环境—行为研究涉及的

“环境—行为”课程系列及其定位关系 表1

教学目标	环境认知与分析　　设计媒介的认知、应用与分析
课程及定位	*视知觉与设计表达（一年级，16学时，专业必修课） 画法几何／工程制图（一年级，32学时，专业必修课） 设计美术（一、二年级，224学时，专业必修课） *人体工程学（三年级，24学时，专业选修课） *“环境—行为”研究概论（四年级，24学时，专业选修课） 社会研究（四年级，16学时）

注：* 标名称为理论知识线索课程，其余为应用技能专题课程。

“环境—行为”课程系列课内－课外教学系统的关系构想 表2

	主导者	组　织	内　容	周　期
课内系统	教师	横向同年级	各自课程大纲内	1 ~ 2个月（设计美术除外）
课外系统	学生	纵向跨年级	兴趣主导，跨越大纲	6 ~ 12个月

理论之一。团队学习的社会交际价值，在美国教育社会学家克伯屈的"附带学习"（Concomitant Learning）思想中有进一步的强调。由团队学习获得的理想、态度及道德习惯一经获得就会持久保持下去，影响人的一生[2]。这与课堂内单纯的知识获得为主相比有其独到的价值。

对于"环境—行为"课程系列的课外学习而言，我们所构想的方式有几个明显的优势。其一是合作学习法可以解决相关课程在短暂课时内不可能有足够教学反馈次数的问题，通过互动促进学习。其二是纵向跨越年级的团队构成更加有利于内部在时间和能力上互补式的组织运作，促进带动学习进程。其三是较长的学习周期有利于研究发现某些以半年或一年为周期的环境—行为规律，达成一定的系统性。完整的周期对研究的有效性起到很大的主导作用，而这种长周期往往是建筑设计教学以及任何课内教学都难以达成的。其四是团队有可能实施较为复杂或规模较大的环境—行为研究课题，让课外学习达到较大的深度。当然这些优势不一定在某一次具体研究中全部实现。

学生自发的学习团队在建筑设计课内学习或课外竞赛中都时有出现，其中不乏因交流或分工困难而失败者。为有效运作，避免出现团队崩溃，在组织运行的过程中需要指导教师把握住几个重要的方面：小组成员和规模、组织结构、任务分解与进度安排。

四、初次教研试验

初次教研实验的选题来源于本科四年级学生在"环境—行为研究概论"课程的报告选题：校园环境中视野的关注重心特点。得以实施的契机则是建筑学系与北京津发科学仪器有限公司签订的产学研合作项目。

在联系和确定以眼动仪为主要的研究工具之后，在全系范围征集对相关研究感兴趣的志愿者，很快组成了由13位同学组成的从二年级到四年级的初始团队。为充分利用实验机会，逐步明确了目标独立但方法近似、可以利用同期实验获取阶段性数据的两项研究：校园环境视野重心研究和建筑图示视野重心研究。利用眼动仪记录被试者观看不同对象时的眼动轨迹特征，并辅以皮电测试和问卷，据此分析校园环境和建筑图示中各种相关要素对于观看行为的影响。两项研究的内容大致还在两门课程的范围之内，但与各年级课程设置并不完全对应（图1）。

在给出少量的"工作须知"和研究线索之后，团队利用两个多月的课余和周末，分工完成了一系列繁琐而复杂的前期准备工作。各个年级的成员很快找到了擅长的工作类型，形成较为稳定的分工（表3）。

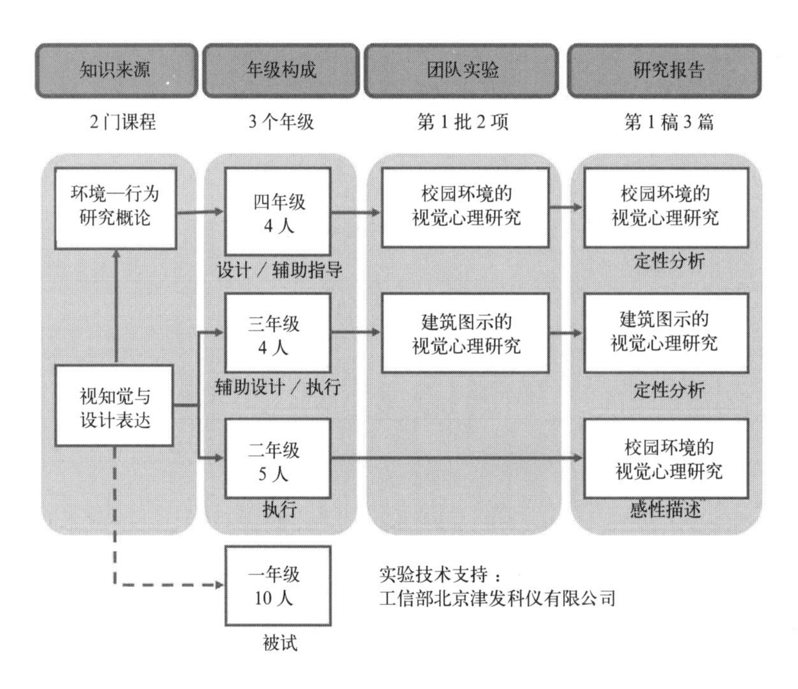

图1　课外系统第一次试验的构成与成果

团队实验筹备流程与分工 表 3

	研究逻辑建构 ⟷	实验素材制备 ⟶	实验流程安排
分工内容	目标 变量 抽样标准 分析方式 ……	照片、视频拍摄 建筑图纸绘制 问卷设置 ……	实验人员轮值 组织被试人员 设备操作 场地安排 后勤服务 ……
四年级	√	√	√
三年级	√	√	
二年级		√	√

注：√表示该年级成员参与的流程。

其中，实验的逻辑建构和相关素材的准备是一对反馈互动的环节，经历了与津发公司技术部工程师的反复交流和调整，对研究目标和变量进行了数次细微调整和简化（表 4）。例如，最初拍摄绘制了超出施计划很多的定点照片和设计图纸，在团队内部评测时发现导致单人次测试时间过长，可能影响被试阅读效果，决定筛选放弃部分。初期设想的校园环境动态视频，反复拍摄三次，效果仍不理想，内部评测时也决定取消。但是其变量关系组和分析草案被记录下来，未来有条件时可以再行尝试。技术人员在参与实验逻辑建构过程中的质疑和建议让学生更充分地认识“环境—行为”研究在逻辑上的严谨性，还让他们了解到了实际研究可能面对的技术之外的问题：时间、设备和实验室条件的限制都可能是调整研究目标、实验细节的原因。最终与技术人员协商确定本次实验定位为“探索性研究”：明确变量内涵，但不因为分析不能一次性到位而限制变量种类。

经多次协商调整确定的实验逻辑及素材 表 4

实验原理	视 觉 心 理	
实验范围	环境知觉与分析	设计媒介知觉与分析
实验对象	校园环境视觉重心	建筑图式视觉重心
阅读方式	幻灯片	幻灯片
阅读数量	5 定点，照片 16 张	2 套 3 组图纸，18 张
初选原因	1. 应对高年级设计应用 2. 熟悉，便于观察分析	1. 应对低年级设计表达 2. 经常使用但概念不清
对象要素	天空 / 地面 / 建筑 / 绿化	配景 / 填充 / 轮廓封闭
对象变量	比例 / 左右	有 / 无
被试变量	专业 / 熟悉程度 / 性别	专业 / 性别
被试数量	30 人	30 人
总阅读量	约 5min	
定性分析	轨迹图 / 集簇图 / 热点图	

整个实验筹备持续了大约 2 个月的课余时间，然后在各年级课余时间都较为充裕的一周里集中进行了为期 3 天半的紧张实验室实验环节，其中包括半天的设备调试熟悉过程，2 天半的分组实验与调查问卷，后期半天的数据提取和分类整理过程。实验流程由富有活动组织经验的同学协商制定，并由全体同学采用每半日轮制的方式顺利执行，在津发公司技术人员的帮助下取得了第一阶段研究所需要的全部基础数据。数据提取之后，针对各成员能力的差异以及自主选择的方向，团队分头展开力所能及的分析工作，完成了针对两个研究目标的 3 份初步研究报告（图 2 ~ 图 5），耗时约 2 个月。

各个年级学生在实验方案设计、实施和分析的过程中分别扮演不同角色，利用各年级课程安排的时差维持实验准备与实施工作有序进行，整体取得了较好的效果。

依据实验数据整理成初步的报告之后，考虑到课外学习团队的受众范围依然有限，学习成果难以共享。我们尝试用展览、汇报演讲的方式扩大受众面。在华中科技大学大学生创新项目资助下展开小型的实验成果展览，展览本身的策划、设计和实施推广本身也是对前期研究成果的一个很好应用。例如，布展方式就经过了 3 轮大的方案调整（图 6），展板方案出了 2 轮 1 ：2 小样和 1 轮 1 ：1 大样，历经 2 个多月的讨论和试验终于定稿，在建筑学院学生展

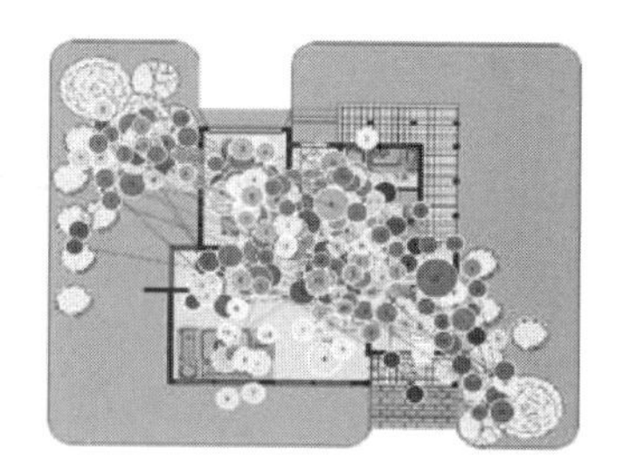

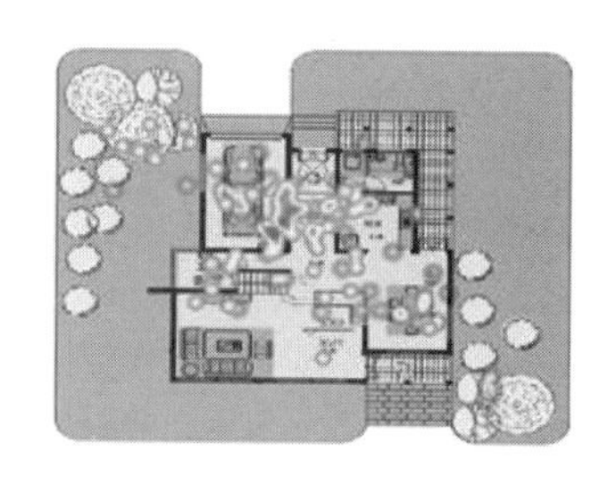

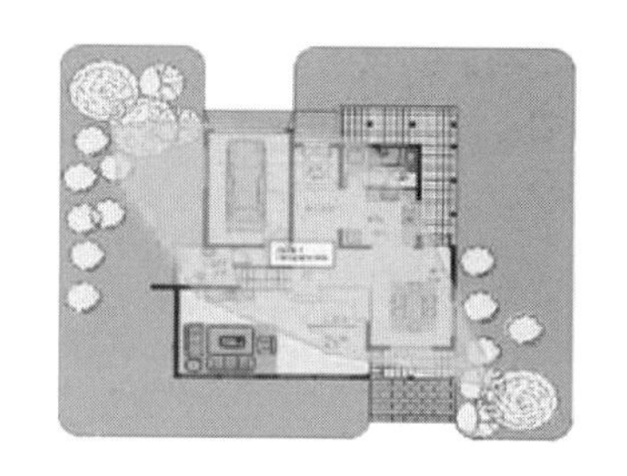

图 2　实验成果：典型轨迹图、热点图与集簇图

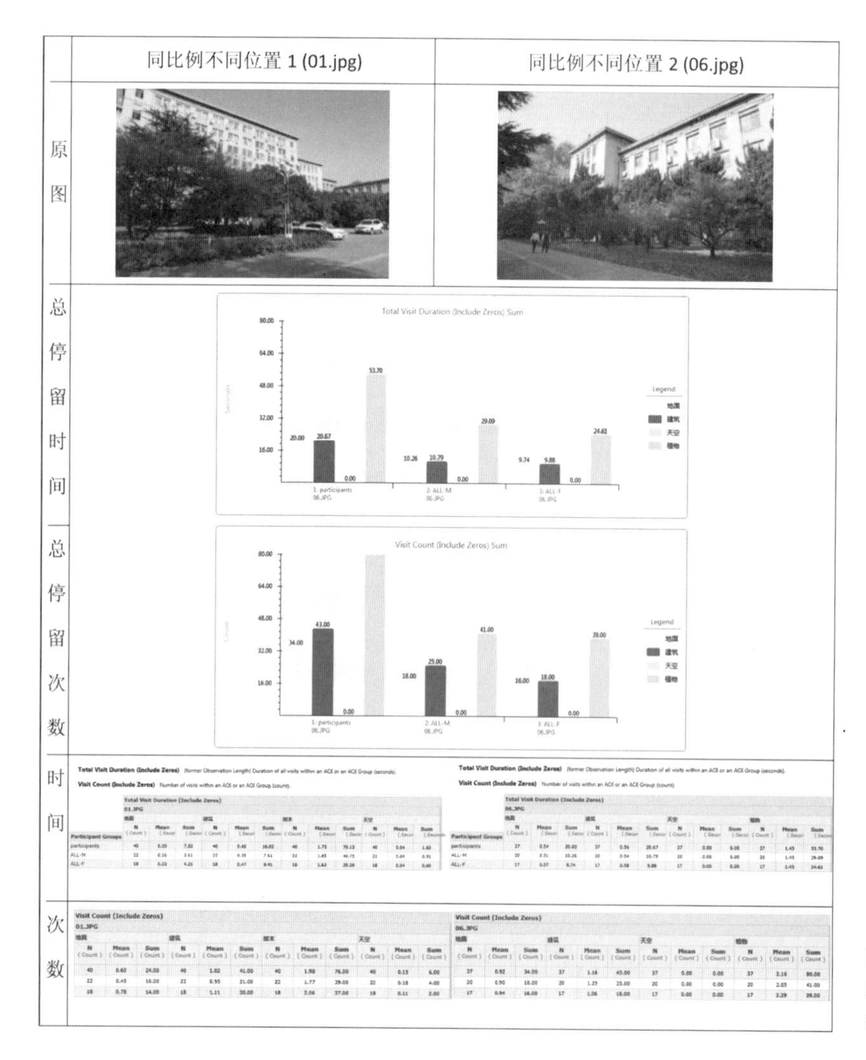

图 3　实验报告节选：校园环境视觉重心分析——注视频次分析（四年级成员）

视点轨迹分布情况

提取所有被试的平均视点轨迹图，比较三组不同图纸试点轨迹分布情况：

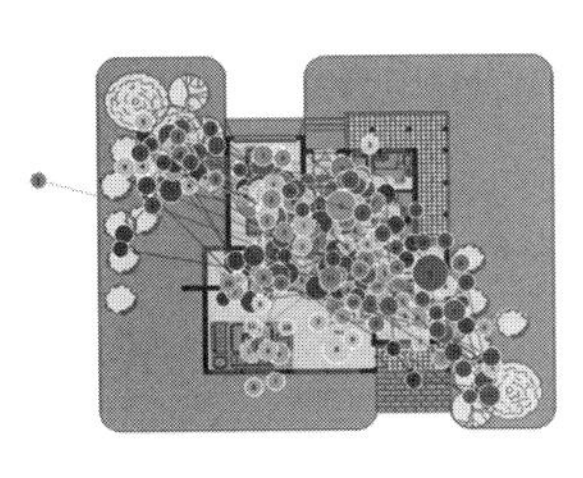

初始视点在中心，逐渐向左上移动观察配景，接着经过室内移到左下角看配景。

可以看出，由于配景的**方向性较强**，对视点移动产生较大影响，视点主要集中在**斜向上**，**忽视了图纸中其他方向的内容。**

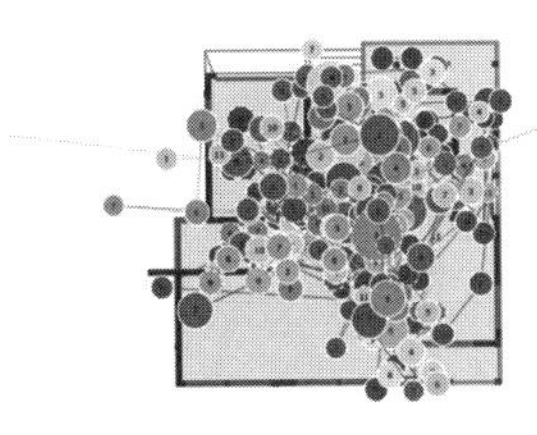

初始视点在中心，之后向四周散开，观察建筑的**范围变大**，视点在**建筑墙体**（黑线加粗）处停留较多，**说明该图纸引起观察者对结构部分的注意而不受次要信息干扰。**

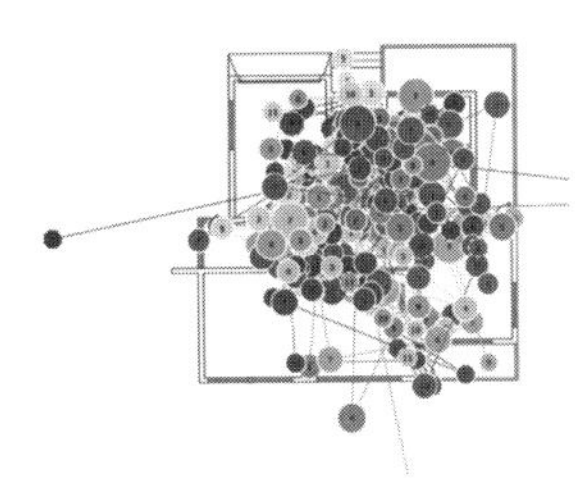

视点有向中集中的趋势，因为图纸没有突出重点信息，观察**没有目的性。**

图4　实验报告节选：建筑图示视觉重心分析——轨迹分析（三年级成员）

照片热点图分析报告

吕丹妮、江海华、石伊雯、张慧、颉泽天

一、　共性分析

1．当天空、建筑物、树木、地面占比例相近，位置不同，如下：

1）左右位置变化，引起视线的变化。（关注点从左图中右侧移至右图中左侧）

2）建筑物更容易受到关注。（左右图中关注焦点主要集中于建筑，而右侧建筑受到关注比例更大）

3）在图中出现与局部整体形态不相同的景物（形态突出的），会得到更多的关注。(如左图中路灯)

2．当各部分占比例不同，如下：

图1：各部分占比均匀

图2：天空比例超过50%

图5　实验报告节选：校园环境视觉重心分析——热点分析（二年级成员）

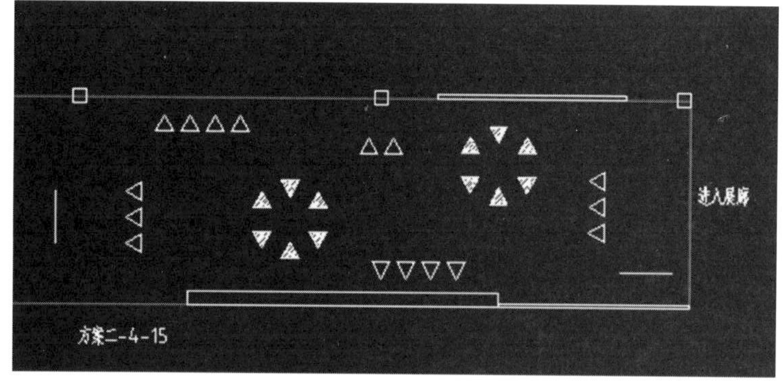

平面布局草案

34
25
130
155 cm

剖面关系草案

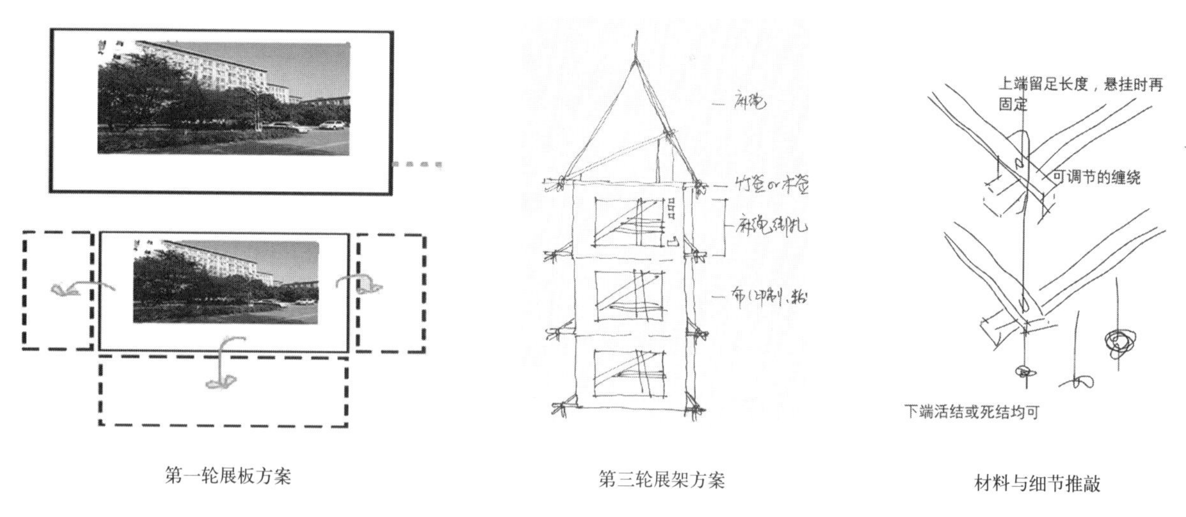

第一轮展板方案　　第三轮展架方案　　材料与细节推敲

图 6　展览策划：布局与展架方案调整

图 7　展览策划：布展

厅展出 1 周，吸引了本院和外院的很多师生参观讨论。对于本学院低年级的学生而言，参观展览成为课外学习系统的一部分，有效地扩大了本次课外教学的受众面（图 7）。

至此，团队的本轮研究经过实验、展览暂时告一段落。整个流程持续时间约 6 个月，所展开的研究深度和复杂程度是我们在“环境—行为”课程系列的课内教学难以实现的。但这仅仅是为后续的研究奠定了一个较好的基础，团队还在利用业余时间继续展开后续的工作。

五、分析

在整个实验的策划和实施过程中，指导教师在两个环节发挥了关键作用。其一是帮助梳理和明确研究目标。这是对传统自发课外学习的干涉和优化尝试，宗旨是对课内、课外系统知识技能的整合。其二是联系确定赞助厂商。由于本系暂无此实验设备，本次实验又并无直接经济利益产出，学生团队难以获取厂商赞助。所以老师出面设法签订产学研合作项目，以达成长期合作协议，为今后的教学研究合作铺路。

更为重要的是将实验策划和实施作为一项课外合作学习而设计的学习方式。本次主要运行的模式包括：

1. 团队全体成员按年级分为 3 个小组，每组一名自荐的组织者。因为招募方式，成员都是因对研究问题的兴趣而参加，在团队之外已有和谐的友谊关系，彼此之间交流沟通较为融洽。全团队共13人，控制在较容易组织的规模。按照齐美尔的社会交往理论，可以支撑最大规模的无主题自由讨论[3]。

2. 每两周左右针对具体任务讨论一次。其中既有重要的全体成员讨论，也有针对年级小组的任务讨论。讨论目标主要由教师提前制订，成员准备；四年级同学也制订了少量讨论目标。每阶段任务只分配到小组，由小组成员依据能力和时间认领，组长负责记录和追踪进度、组织协作等。研究逻辑建构的任务比较严格地按照年级小组、分工，实验素材制备和实验流程安排则打破年级边界依照学生特长分组、分工。如二年级有擅长摄影的同学，与四年级研究校园环境视觉重心实验逻辑建构的同学一起协商选点，完成校园环境测试照片的拍摄。二年级和四年级都有擅长组织活动的同学，由他们负责实验中被试的组织和陪同、引导等。

3. 在实验逻辑建构的过程中集中组织文献阅读。阅读目标明确限定在商业、运动、交通、阅读等目前应用视线追踪技术较为成熟的领域，指定国内、国外期刊。团队成员依据各自特长偏好在网络上分头搜索国内外相关文献阅读，之后在团队内部集体展开分析，并做出结论。尽管低年级学生的阅读面和分析能力有限，阅读和分享仍然帮助成员对视线追踪的研究现状有了整体的了解。

课外教学首次以纵向自主学习团队的形式运作，取得了较好的效果，同时也显示出现阶段课外教学存在的约束和缺陷，以及未来可能的调整方向。

第一，教师适当参与对课外学习有较好的促进和推动作用，而且有可能更好地推进相关课程的整合。教师要对设定的课题有更深入的预研究，设想可能的周期和需要在研究过程中学习的新技术，在团队学习过程中及时补充以保证实验效果。如本次的后期分析，因为没有小组成员掌握足够统计知识，使得实验获取的大量数据分析环节被迫延后。

第二，本次活动证实跨年级的合作学习模式有较好的效果。目前的团队主要依靠学生兴趣引导及华中科技大学的大学生创新创业项目支撑。后续的展览活动一定程度上拓展了团队自身的综合能力并扩大影响，推动团队持续发展。如果能够切入更加实际的应用，在确切需求的推动下，课外教学将更具价值。

第三，实验证明本科阶段的学生在组织的情况下有能力展开较为单纯的发现研究，即达到徐磊青教授所讲的环境—行为教学的第三个层次[4]。针对团队活动的擅长与"环境—行为"课程系列的整合需求，课外教学今后将计划致力于两个方向：设计过程的逆向思维和观察分析；建成环境评价分析。

第四，在"环境—行为"课程系列的课外教学整合进行到一定程度的基础上，进一步尝试"环境—行为"课程系列与"建筑设计"课程的整合，探讨课外教学系统可能的特殊价值。

（本次教研试验是在华中科技大学建筑学系"环境－行为"研究小组13位同学的共同努力下实现的，他们是：杨隽超、徐展、袁怡欣、李健爽、黄曼、王冠希、蔡蕊、林郁尧、颉泽天、吕丹妮、江海华、石伊雯、张慧）

（基金项目：中央高校基本科研基金项目HUST，项目编号：2015MS113；华中科技大学2015年度教学研究项目）

参考文献：

[1] Olsen, R. , &S. Kagan. About Cooperative Learning// C. Kessler(ed.) Cooperative Language Learning: A Teacher's Resource Book[M]. New York: Prentice Hall,1992: 8.
[2] 邓道宣，罗明礼．内外隐性课程研究述论[J]．成都教育学院学报，2005(12)：98-101.
[3] 郑也夫．城市社会学[M]．上海：上海交通大学出版社，2009.
[4] 徐磊青，杨公侠．环境与行为研究和教学所面临的挑战及发展方向[J]．华中建筑，2000(04)：134-136.

图片来源：

表1～表4：作者自绘
图1：作者自绘
图2～图6："环境—行为"研究小组全体同学设计制作
图7：作者自摄

作者：沈伊瓦，华中科技大学建筑与城市规划学院　副教授；谭刚毅，华中科技大学建筑与城市规划学院　教授，副院长

周烨珺
（上海大学美术学院　本科五年级）

看不清的未来建筑，看得见的人类踪迹

Vague City in Future, with Traces of Human Forever

■摘要：未来建筑是什么样子的？如果有时光机，穿越到未来，我们看到的世界会不会像星球大战里的世界？如果人类消失后，我们看到的人类智慧所留下的建筑又会叙述怎样的一段故事，给后来者怎样的想象？也许未来的建筑是看不清楚的，但是却一定能感受到它的存在，而在它的身上也一定深深地留下了人类的踪迹。或许生活在未来的建筑中的人可以体会"不识建筑真面目，只缘身在此城中"，又或许这是一种从无形到有形，再从有形到无形的过程。
■关键词：未来建筑　人类踪迹　大数据时代　传承　废墟上的城市　摩城
Abstract：What will cities and architecture will be tomorrow? No one can tell it clearly. The future architecture is more like a tabula rasa. Let us do whatever we want. Perhaps the least controversial assertion about the future architecture that can be sure is that they are with the traces of human both today and tomorrow. The article provide a trial to draw the vague future.
Key words：Future Architecture; Trace of Human; Big Data Era; Inherit; Ruins 3D City; The Internet of Things

一、科技让未来建筑变得一切皆有可能

（一）大数据时代

1. 物联网

随着科技的发展，电脑的普及，智能化变成了现实，嵌入式技术渗入生活，让计算机遍布各地，渗透到绝大多数的人类生活中。也许未来我们刚刚踏出办公室的房门，就可以启动家中的电饭煲开始煮饭，各种烹饪设备就开始准备一顿营养均衡的晚餐。当我们踏入房门，挂起外衣，卫生间的浴缸就开启了你洗澡用的热水。当你洗完澡，你的晚餐也已经准备好了。这大概是我们现在可以想象到的稍不久远的未来，物联网带来的智能居家生活。在这个物联

网建筑中，不再需要多余的媒介——电脑，建筑物中的每个部分或者建筑物中的某个物体都可以看成是媒介，它们之间可以互相联系，不需要一台电脑的控制。这样减少了一些年长者不善于用电脑的使用烦恼。

物联网其实早在大数据时代之前就已经被人们所关注。而对于物联网的应用，似乎势在必行，这也许是未来建筑发展的一个方向。而正是因为物联网的存在，建筑变得更智能的同时，也更轻盈。但是同时，这些智能吸引了更多人的眼光，人们似乎不再那么关注建筑本身。如同现在的智能手机，剥夺了许多人与人交流的机会。也难怪那个发布在 YouTube 上，鼓励大家放下手机的视频，会有如此大的点击量。但是建筑除了它本身的魅力，其实也是有气场的，也许未来的建筑将被设计得更有气场，即使当人们的目光停留在智能货上，依旧能感受得到这看不清的建筑所带来的无穷大的魅力（图 1）。

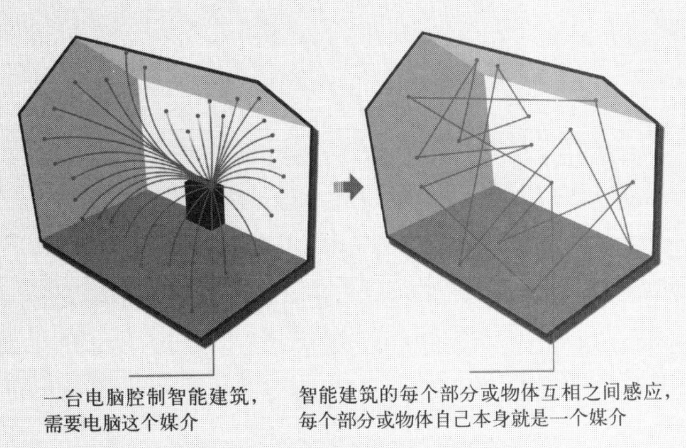

图 1　物联网时代的建筑

2．BIM

BIM 是一个已经兴起了有一段时间的概念，它的应用发展迅速，眼下不少大型设计院或是大型项目中 BIM 的应用也很广。这必然是日后建筑发展的一个趋势。

（二）新的建筑场所的开辟

建筑一般都是依陆地而建，地球上的万物很难逃脱地球的万有引力作用，但是这不能阻碍人们的想象与创造，人们总能天马行空——未来的建筑也许会飘在天上，潜在海里，浮在水上，甚至长在外太空上，当然也有可能是像两栖类动物一样，时而在天上，时而在地上，时而又在水里，人们要是心情好了，可能还会让建筑飞到月球上，而科技也将会让这些天马行空变得现实。在 EVolo 摩天大楼国际设计竞赛的历届获奖作品中，总能看到建筑师的天马行空却又有无限可能的建筑。如悬在海上的；架在半空的；长在海里的；飞在空中的；建在地球外太空的……这些想象看似很遥远，但是科技的进步也出乎人们的意料，而这些天马行空的建筑有朝一日说不定就会出现（图 2 ～图 10）。

而这些天马行空的想象，多数是把人们聚集起来，创造一个新的建筑场所，给人们体验，同时也是面对当今的环境问题，未来的生存问题作出的思考，给出的解决方案。记得藤本

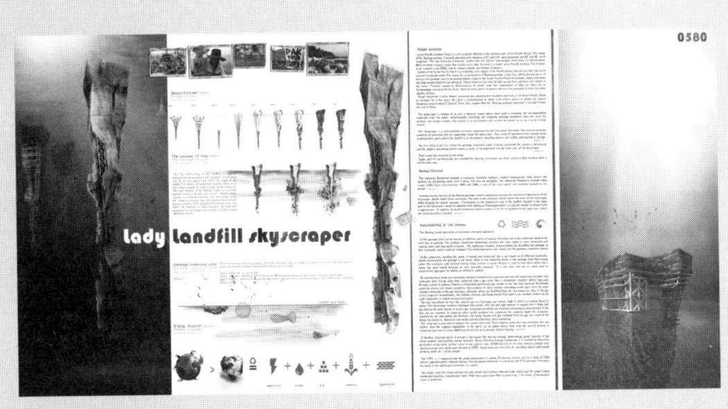

图 2　地下城 1（Lady Landfill I）

指导老师点评

随着云计算、物联网、大数据等一系列信息技术的发展，时间与维度的概念也大为不同。扩展到人类的生活方式，虚拟与现实、人与机器、艺术与科学之间的界限日渐模糊，智能与互动成为未来生活日趋显现的发展趋势。数字化的信息交换对人的行为、建筑环境与城市生活必然产生根本性的变革，势必将打破我们对建筑空间功能与空间尺度的传统思维，使人与建筑之间的交互过程呈现一种新的激活状态：城市与建筑成为可感知、沟通、满足居住者变化需求的生命体。

周烨珺同学用生动的语言、大胆的想象与超现实的图像为我们描绘了这样一个在信息技术支撑下的未来建筑与城市图景：人类对技术的驾驭，使城市与建筑的建造可以脱离自然环境的限制，拓展建造场所，在陆地、海洋甚至漂浮于空中构筑立体化的城市。这样看似在科幻影片中显现的场景并非不能实现，随着大数据时代的信息技术不断创新，想必周烨珺同学所描绘的未来城市图景在不远的未来会浮现在我们面前。

技术的双刃剑效应是人类对技术进行理性批判所意识到的问题。周烨珺同学不仅思考了大数据时代技术运用的可能性，也对技术运用进行了理性的价值判断，提出了城市与建筑发展的有益方向：未来的城市与建筑尽管在高技术的支撑下，有能力摆脱环境条件的约束，但并不能脱离历史与文化的脉络、地域文化的多样化特征。人类可以在历史环境中利用建筑遗存，并借助信息技术，给人们提供一种能够感知过去、现在与未来的具有时空穿越感的互动性体验。周烨珺同学也反思了未来城市与建筑始终离不开人

（转 89 页右栏）

图 3　地下城 2(Lady Landfill II)

图 4　天空之桌 (Sky Table)

图 5　飘浮的公园与摩天大楼 (Light Park Floating Skyscraper)

图 6　巴别塔之屋 (House Babel)

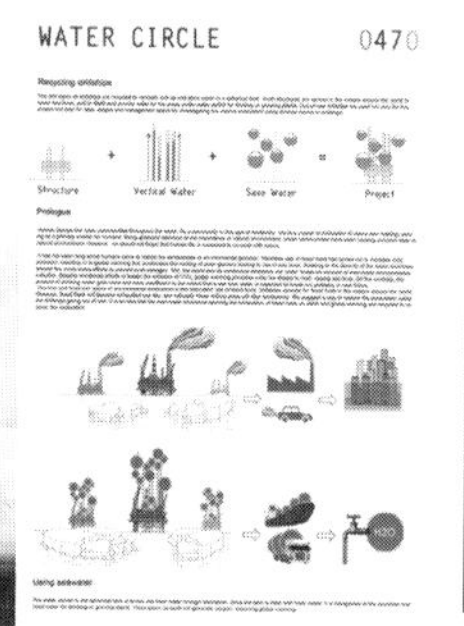

图 7　石油平台转化为可持续的海上摩天楼 1
(Oil Platforms Transformed into Sustainable Seascrapers I)

图 8　石油平台转化为可持续的海上摩天楼 2
(Oil Platforms Transformed into Sustainable Seascrapers II)

图 9　游牧的摩天大楼 1 (Nomad Skyscraper I)

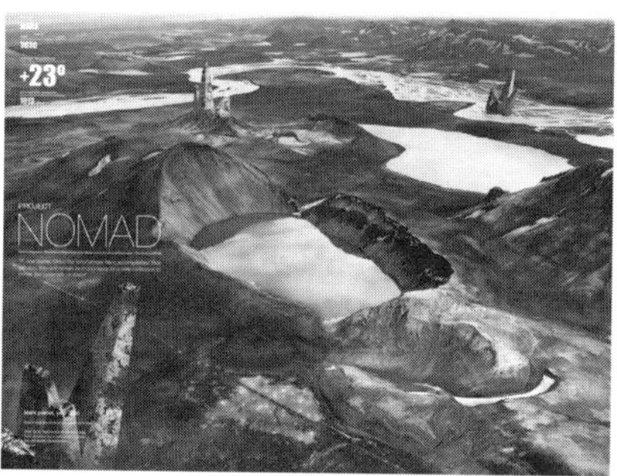

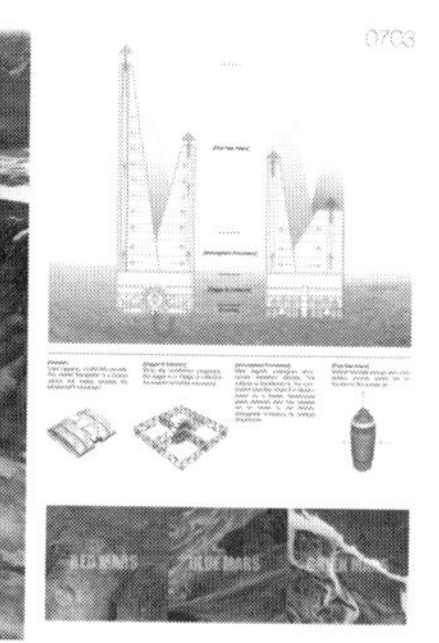

图 10　游牧的摩天大楼 2 (Nomad Skyscraper II)

壮介在他的《建筑诞生的时刻》中写道："所谓‘现代’建筑也许就像是为了纵身一跃至永无终点的‘未来’之上的跳板。"未来建筑的发展永无止境，要想象未来建筑，也许一般的想象还没有科技发展的速度快，但是那些天马行空的想象却有可能成为下一个现实世界。不论未来是怎么样的，猜测永远有无数种，谁也说不清究竟会是哪个，但是，可以肯定的是，不论何时他们与‘现代’建筑一定有着某种联系，他们也一定留有着人类留下的踪迹——为了生存而留下的踪迹，为了战胜自然的踪迹，为了挑战自我与充满想象的踪迹。不论未来人类是像当年的恐龙一样会灭绝，还是依旧如同现在这样生存，同样可以肯定的是，从这些人类创造的建筑中，总是能看到人类留下的踪迹。

二、看不清的未来建筑，看得见的历史烙印

未来建筑究竟是什么样子的，其实没有人能很明确地表述、描绘清楚。但是可以肯定的是，未来的建筑一定有历史的烙印与人类的传承。

美国人柯林·罗在他的《拼贴城市》中有这样的一段话："新建筑是由理论决定的，新建筑是由历史注定的，新建筑代表着征服历史，新建筑代表着时代精神，新建筑是治疗社会的良药，新建筑是年轻的，并且不断自我更新的，它永远不会落伍于时代。"这其中可以这样理解，未来的新建筑的发展与历史有关，人们不断地前行，是需要站在前人的肩膀上的。

人们总在生活中寻求某些变化，即使人们不可以去寻求变化，可是世界上唯一不变的即是变化。智慧的人们不是摒弃过去的一切，也不是被困在过去的历史中，而是拿着古人留下的藏宝地图，不断在寻找前行的路，再不断地修改藏宝地图，再不断前行。过去的许多是不能带上前行的路的，只有那不断被前人修改的藏宝地图是被一直揣在手中的。为了寻找更多的宝藏，对于那些无法带上路的宝藏，那些过去，也许"纪念"一词更适合他们。纪念那些不被带走的过去。人们追赶着时间的步伐，可是诚如前文所述的，科技的发展，一年更胜一年，往往一般的想象是跟不上的。因此，不如轻装上阵，拿着最重要的藏宝地图前行，对于那些不那么重要的过去，就留给纪念一词吧。

（一）藏宝地图上的建筑密码

那么哪些会留在藏宝地图上，给未来建筑以启示呢？

也许是设计过程中的思考模式。日本人宫宇地一彦在他的《建筑设计的构思方法》中对于设计思路有过这样的总结：演绎，归纳，总结。对于一个做过学生的人，应该不难理解，我们在学习的过程中就是在不断地演绎，归纳与总结（图11）。建筑设计也是如此。记得前辈曾经说过，在什么也不知道的情况下，要凭空想象出一个好的建筑设计几乎不可能。当然，世界之大无奇不有，也许就有天才能做到。但是即使有天才能做到，那也是极其少数的。这和画画是一样的。那些艺术家画的作品，看似随意涂鸦，但是"艺术家们永远比你要会画画。你所能想到的绘画，大多已经被他们实践过了。"拥有这样一个设计思路，似乎就像是得到了一把通往未来的建筑的密码，打开了其中的一扇门，让未来建筑若隐若现。

除了设计过程中的思考模式，藏宝地图上也应该有前人约定俗成的一些建筑的客观规律。这样也便于后人"理智地违反客观规律"。虽然看不清未来建筑是什么样的，但是可以作这样的一个类比。如果说昨天加时间是今天，那今天加时间就是未来。加法的运算法则不变，时间这个条件在这个等式中近似相等。昨天与今天是个可以估测到的已知量。那要想推测未来，只要理清这两个等式的关系，就可以得到一个大约的未来。举个例子，古典主义与近代主义可以说是两套体系，也许有人认为两者不会有任何联系，但是事实可能出乎人们的意料，也许他们之间却有着某种意想不到的关联。宫宇地一彦的《建筑设计的构思方法》就这样写道："古典主义与近代主义是两种完全不同的东西，然而也许在西欧人的心目当中，有着意想不到的联系。"他所提到的"四阶段结合法"便是很好的一个例子（图12）。

（二）纪念那些不被带走的过去

对于那些不被带走的过去，用什么方法来纪念呢？也许这也是未来建筑潜在的可能。

1. 废墟上的城市

其实确切地说，那也不完全是废墟，只是被遗弃了或不能再使用了罢了。

这让我想到了杭州的雷峰塔。现在的雷峰塔已经不是当年的那个雷峰塔。而当年的雷峰塔，现在被保留在新雷峰塔之下，或者说新塔建造在旧塔基上，这从某种程度上保护了遗址。暂不论其褒贬，但是这也何尝不是一种可能——一种未来建筑的可能，也给改建或保护那些需要被纪念的历史，那些建筑，提供了一个可能（图13～图15）。

在 d3 Housing Tomorrow 设计竞赛中，当面临海平面上升的状况，人类为了更好地生存，在被淹没的建筑上再建造建筑，形成了，废墟上的城市（图16）。

2. 城市即是博物馆

的参与，人类可以驾驭技术并成为技术的主导者，也应该在技术的支撑下增进居住者之间的情感交流，创造一个能够承载历史文化信息与记录人们生活故事，可以从容而诗意生活的智能化的城市与建筑环境，实现人、生态与技术的和谐共生。

作为一个建筑学五年级的学生，周烨珺同学在文中所表现出的创造能力、理性思考与严谨态度让我倍感欣慰，希望她带着这份创造力与奇思妙想，在建筑学的求索之路上飞得更远更高！

魏秦

（上海大学美术学院，

建筑系副系主任，副教授）

竞赛评委点评

2014 年，"清润奖"本科组可选择的题目之一是"你认为未来建筑是什么样的"。本文的作者对题目做了细致的思考，尤其巧妙的是，作者把对于未来建筑的种种设想建立在对历年 eVolo 摩天大楼国际设计竞赛的方案上，因此，多少让作者的想象与推理建立在具体的图形思维之上。这是本文在写作方法上非常加分的一个策略。

本文选择了一个对偶性语句作为文章题目，虽然具有高度文学色彩，但还是把作者文章的核心观点浓缩表达出来，并且对于本科学生来说，充沛的想象力与对创作的热情更应当提倡和鼓励。

在文章结构上，作者第一部分用了很多图示语言表达未来建筑的多样可能性，基于神话创造与游牧思想的方案，以及基于石油平台结构而搭建生成的摩天楼建筑，显示了建筑未来结构与形式的多样复杂性，呈现出作者对

（转 91 页右栏）

昨天 + 时间 = 今天
今天 + 时间 = 未来

A + B = AB
AB + B = ?
? = ABB

图 11　演绎、归纳、总结

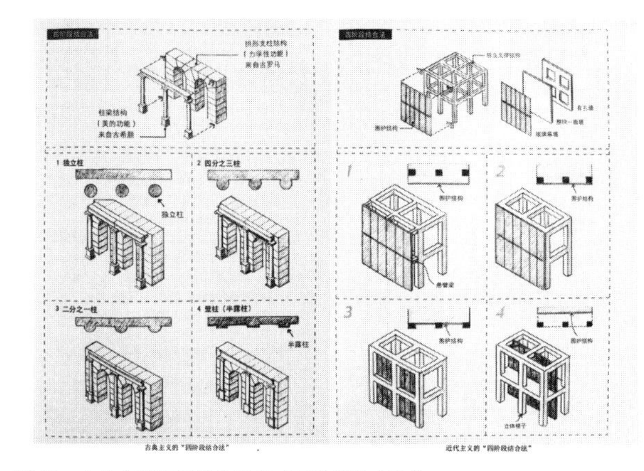

图 12　古典主义与近代主义的"四阶段结合法"

图 13　老雷峰塔

图 14　新雷峰塔

图 15　新雷峰塔下的老雷峰塔

图 16　生活在回忆之上（Living on Memories）

或许有人会质疑，为什么好好的可用基地不用，为什么要建造在那古迹、遗址、废墟之上呢？

土地将越来越匮乏是一个原因，试想一下如果按照今日的发展速度，我们的明日，还有多少地球表面积可以给我们使用，那我们的未来呢（图 17）？

当然，除了土地资源的愈加紧缺，历史文化的传承也是一个不错的理由。但是其实那更是一种奇妙的体验。

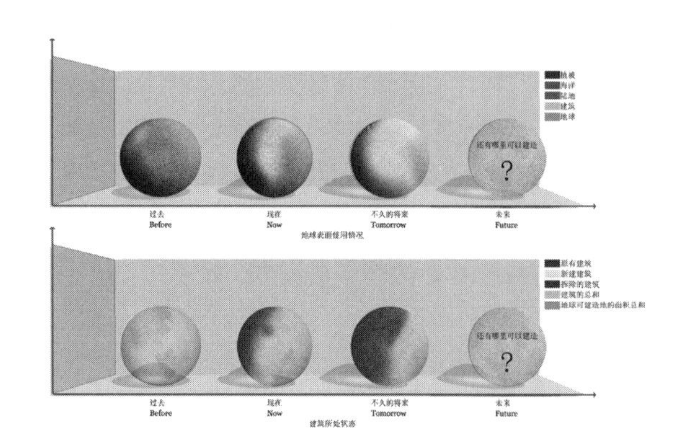

图 17　地球表面积资源分析图

试想一下，未来建筑如果是建筑在这些废墟、古迹之上，也许建筑师们就有了更多有意思的话题可以探索：如何利用建筑展示那些神秘莫测的古迹？如何虚化新造建筑，展现古迹魅影？如何在有限的地域内，来一场穿越古代的建筑体验？如何穿梭在城市之间，在不经意之间，与古人来一个亲密交流？如何让少小离家老大回的人们，在感叹十年大变样的同时找到儿时的回忆……这些也许都是不久的将来可以变成实际的。

那如果再大胆地预想，或许更遥远的未来，走在城市之中，也许一个不经意的街角，一幢新型未来建筑下方，便可以看见那曾经的古建筑，叙述着轰轰烈烈的故去，又或者在刚刚踏进轨道交通入口，就会有一场穿越时空的建筑之旅在你的旅途上展现，你的旅途也不再无聊。只是不经意地穿梭在一个城市之中，却可以翻开这个城市的历史，看见这座城市的历史断层，看到历史上这个城市曾经留下的人类的踪迹，而这些历史最终也会与微生物结合，呈现更美妙的一幕。此时的城市本身也就是一个展现自己的博物馆，活生生的博物馆，充满生命力。每一个到达过这座城市的人，都能感受到这座城市的历史，这座城市的文化脉络。

3. 三维走向四维

空间是三维的，这个似乎是众所周知的，如果加上时间轴，也就是四维。如果新建筑与老建筑共存，又或者新老建筑如同地质纵断面图一般，这可能是一种——让建筑从三维走向四维的方式。

三、立体摩天城

人们对于高处的向往，自古至今都有着孜孜不倦的追求，从古代的金字塔，到哥特式教堂高耸的塔楼，从1870年代，美国兴起的芝加哥学派，到今日的超高层建筑，似乎没有什么能停止人们对高的追求。不论是渴望“一览众山小”的畅快，还是向往蓝天白云的梦想。也许现在没有人能道清未来建筑的模样，但是可以肯定的是，未来建筑总会留下人们对于摩天楼的渴望。

随着技术的发展，单单的高也许还不能完全满足人们的心愿与梦想，若是让摩天楼更智能化、生态化、摩天化、动人化，造型新颖化且人性化，岂不是更好。再狂妄地设想一下，也许未来的建筑、未来的城市不再是寻求二维的发展，而是从二维到三维。不仅仅是一个单体建筑，而是多个摩天楼建筑的联系。它们的交通也不将是简单的二维或几个二维关系，也许是所有的一切都是三维化的。

（一）立体城市

未来的建筑，如果单思考一个建筑本身也许还不够意思，那如果把这些建筑放在一起思考，也许会更有意思。不仅仅是立体建筑，还有立体交通，立体城市管网，立体生态，立体田地……它们单独的一个一个都已经在现实世界存在了，但是如果把它们都组织在一起，成为一个立体城市呢？

在EVolo摩天大楼国际设计竞赛的历届获奖作品中，又可以看到建筑师们大胆的想象力（图18～图20）。

当然也有可能是这样的（图21）：

又或者是这样的（图22）：

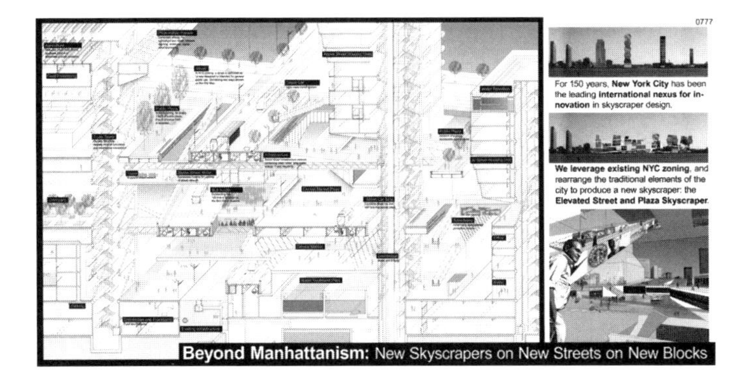

图18 曼哈顿之上（Beyond Manhattanism）

未来城市规划及土地利用上的一种偏向。不过，偏向也同时说明了作者的理论取向，即对城市向空中发展的一个预期。

文章第二部分比较巧妙地回到历史。这显示了作者对于历史的尊重，因此也让本文有了根基。在第二部分，作者清晰提出“未来的建筑一定有历史的烙印与人类的传承”，并恰当举例说明了人的活动以及人的活动痕迹对于建筑的意义与作用，某些时候是人的活动成就了一座建筑，因此第二部分是文章中不可或缺的基础。

第三部分，作者再次回到摩天城，以自己对未来建筑与城市的理解，结合了大量摩天楼竞赛方案，描绘了未来巨型城市建筑的可能，并且再次从对人的尊重出发，加入了作者本人对于未来摩天城如何关注微小的“人”的心灵需求问题的思考，并提出了“纽带”连接，以及在建筑形式上对传统建筑的致意，虽然略显肤浅，但也体现了作者对未来城市的辩证思考。

第四、五部分，算是文章的点题与收束，强调了作者对未来建筑与城市的理论思考，即回到人本身，建筑的形式无论如何发展，技术如何变化，最值得尊重的依然是一个人的生活痕迹与记忆痕迹，人类心理的需要是建筑发展的追求之一，如此发展才更有意义。

本文虽然很多是基于方案的想象，但作者依然在想象的虚拟中很好地找到文章的立论依据，并且鲜明地把个人的思考以较明晰的语言生动地表达出来。对于本科阶段的学习，这是一份较好的基于扩大阅读材料之上的理论思考答卷，显示了作者清晰的思路与驾驭材料的能力。

李东

（《中国建筑教育》，执行主编；

《建筑师》杂志，副主编）

图 19　高架连接 1(Elevated Connectivity I)

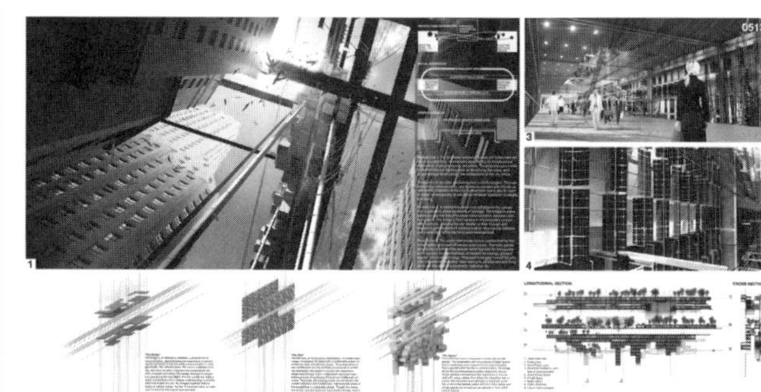

图 20　高架连接 2(Elevated Connectivity II)

图 21　东方气息的天空之城

图 22　现代城市的天空之城

但是从中，不难发现，这些建筑师们在寻找摩天楼与摩天楼之间的纽带。不仅仅是我们所熟悉的“地平面”，还可能是未来我们将熟悉的“空平面”或者叫“空中平面”。这些纽带也许会充满无限的魅力。

（二）纽带

随着科技的发展，似乎什么建筑形态都有可能出现。也许未来的人类对于各式各样的形态已经产生了厌倦，人们的兴趣点也许更多地不在物体本身，而是他们互相之间的关系。藤本壮介把这种关系描绘成：“一种近似极致的纷乱状态，标示出它彻头彻尾的人工特性。在同一物件中，规则性与纷乱性共存。”

也正因为如此，或许在这些纽带上才更有可能发生更多的故事。比如，辛弃疾的《青玉案·元夕》中“众里寻他千百度，蓦然回首，那人却在灯火阑珊处。”也许更容易让人联想到的是发生在两个物体间的纽带空间上的故事。

而纽带空间也更容易拉近人与人之间的距离。两个住在临近摩天楼顶楼的人，如果只有地面这一个纽带，也许这两个人相遇的概率很小，在空暇的时间，也许更愿意登高远眺，而不是从顶层等电梯，下楼，然后在巨大的庞然大物之间，漫无目的地闲逛一圈，再等电梯上楼。但是如果有空中走廊架在这摩天楼的中间，也许人们会更愿意去空中走廊消磨闲暇时间。这样这两个人的相遇概率岂不是大大增加了。而原本不相识的两个人的距离，也许也因为这个架在空中的走廊，而在彼此的心之间加了一座心灵之桥。

（三）前人留下的历史的足迹

当今的摩天楼样式相似，虽然未来人可能不再拘泥于其形式，但是想象一下，当许多的城市被这些没有地域特色与文脉的摩天楼所殖民的时候，也许当你发在你朋友圈中的某张旅行日志照片，你的好友很难搞得清楚你究竟在哪里，也许若干年后你回头去看看这张照片，你也会疯狂地回忆到底是在哪里拍摄的照片。于是人们似乎应该寻找更多的多样性，也许水平之城的多样性，还能满足目前的需求，但是未来呢？大概竖向的发展能带来更多样性。而把水平与竖向结合起来，岂不是从平方多样性，变成了立方多样性。或许可以用立体摩天城来形容这样的场景。

如果要说多样性的工具，地域文化文脉，是个不错的选择。地域文化的多样性，与不断的文脉，给未来建筑的发展打开了一盏灯。但是一个地方形成的文脉易断不易成，一个地方也有自己特有的地域特征。如何在摩天楼中展现出不同的地域文脉特色，如何让未来的建筑更接地气，也许是值得我们思考的。幸运的是也有不少人作了这样的尝试。在最新的 2014 年 EVolo 摩天大楼国际设计竞赛中的一等奖得主，就把东方传统的屋架结构形式运用到了摩天大楼的设计当中去。文化的多样性是前人留给我们的宝贵财富，如何在未来建筑中不失去自我，这不断的文脉也许是个很好的工具。也因此可以推测，未来的建筑一定留有这个地域的人文气息，即使不能清楚地知道未来建筑是什么样，这样的推测还是可以成立（图 23、图 24）。

（四）无关的关联

摩天之城可以是一个一个摩天楼组成，也可以是一个摩天骨架网格上有着许多独栋的建筑（图 25）。

图 23　本土建筑的多样性 1（Vernacular Versatility I）

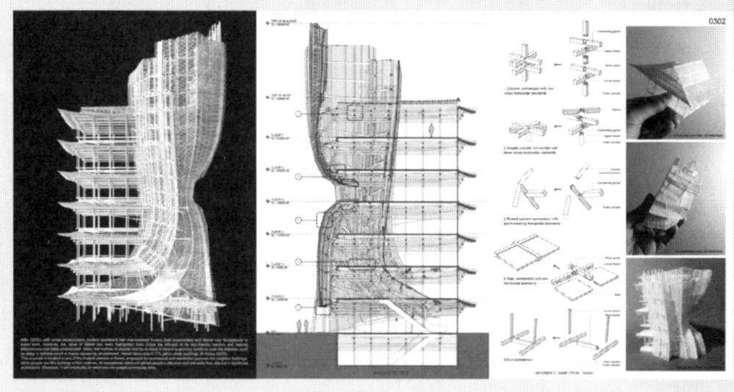
图 24　本土建筑的多样性 2（Vernacular Versatility II）

也许未来的立体之城中，有了更多创造的空间，拿人们赖以生存的住宅为例，也许每一家人家的住宅都有自家的特色。在一定的摩天网格中，任人们设计营造。人们可以去齐全的网络采购所需要的模数化建筑材料、施工队伍，还可以挑选属于自己的设计师或设计团队。

而当人们在这样的一个立体网格中穿梭时，增加了空间行走体验，而周围的每一栋建筑，因为是由不同的人设计在一个固定的摩天网格骨架之中，看似无关的建筑单体，却都有着摩天骨架网格，工业生产线上的模数化建筑材料，单纯中透着复杂与模糊，而复杂、模糊中又显得单纯。

这样也凸显了建筑的未来，更需要人的参与，公众的参与，而不仅仅是开发商的参与。

当然，这样的未来建筑形式，也有着许多经济发展空间和社会效益。首先，促进设计水平与技术工人能力的发展与提高。由于每一栋建筑都略有所不同，也因此，需要设计师根据居住者的要求进行设计。不论这个设计师是请来的，还是自己就是那个设计师，但是可以肯定的是，因为这样的尝试，在未来，几乎无时无刻不在进行，练得多了，看得多了，总是会有提升的。技术工人的施工能力也是如此。其次，当今的摩天楼都是按面积计算价格，摩天之城的建筑，也许可以按空间计算价格，也许在这其中也有许多经济学问可以探究。当然，也由于这样的多样性，生活在这座城市中的人的创造力也会被激起（图 26）。

爱幻想的人们，如果有朝一日，《哈利·波特》中的飞行扫把成为现实，那么硕士毕业于东京大学应用物理学专业的日本艺术家 John Hathway 所画的以未来城市和美少女为主题，

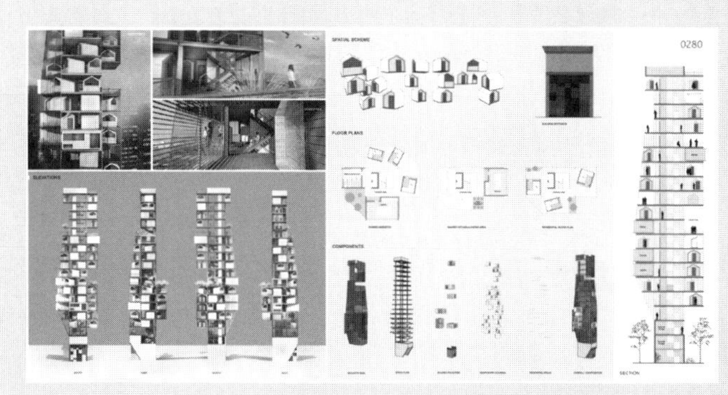
图 25　Hopetel：高空住宅（Hopetel Transitional High–Rise Housing）

作者心得

关于写论文，最重要的是要有自己的观点与想法，然后试着将其表达出来。关于参赛，更多的是重在参与的心态。

暑假伊始，学校就通知了关于“清润奖”论文竞赛一事，但真正动笔已是暑假结束的时候了。惭愧地说，几乎是在截稿前几个小时刚刚提交并邮寄材料，似乎不到截稿写不了什么东西似的。刚看到题目，特别是“建筑的未来与发展思考”这一论题的时候，就激发了我天马行空的胡思乱想。似乎这个暑假，在空闲之余，或是看一些优秀作品，抑或是读一些理论类的书籍时，总会时不时联想到这个论题，然后思考一番，于是，记录下这些支离破碎的想法。

在最后动笔前，我整理了一下这些想法。我觉得，未来建筑一定有科技的参与；也因为人口的增长而土地的不可再生性，未来建筑一定也有高层的参与；同时，也考虑到可以用“以史为鉴”的类比方法去思考未来的建筑。通过这些想法，去寻找这些想法的例证，去分析其中的缘由和关系。最后发现，不论建筑怎么发展，建筑与人密不可分，城市与人密不可分，未来的建筑或者说未来的城市与人也密不可分。夸张点说，即使有朝一日人类像恐龙一样在地球上消失了，这些未来的建筑中一定保留了人类的踪迹。但是未来的建筑究竟长什么样，实在是看不清，可能就如同一百多年前人们没法想象现在的互联网世界一样，也可能是一种“不识建筑真面目，只缘身在此城中”的体验，又或者说是一种无形与有形之间的转换。于是乎，就写了这篇“看不清的未来建筑，看得见的人类踪迹”。

当然，不是所有想法都在短

（转 95 页右栏）

全景透视三维设计的插画作品中的场景就距离现实不远了（图 27）。

（五）看不清的摩天楼

摩天楼怎么会看不清呢？是太高大，高耸入云看不清？还是太高大，渺小的人类难以看清？

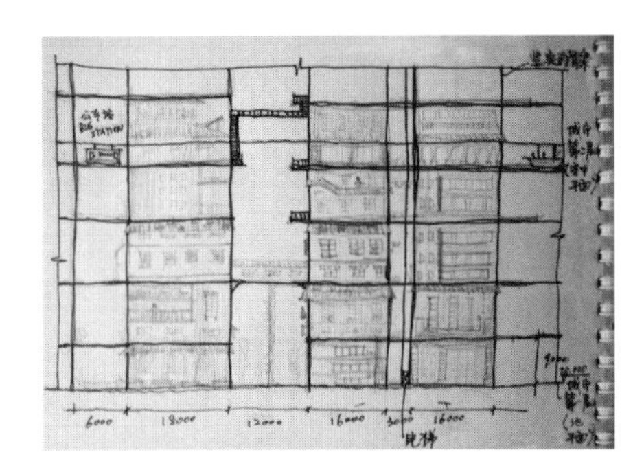

图 26　摩天楼骨架网格下的城市局部立面

图 27　John Hathway 笔下的未来城市——魔法町

不论是为什么看不清，但是总以为看不清或许是件好事，也许也因此，激起了人们对于摩天大楼不近乎人的尺度的庞然大物的重新思考。而未来的摩天城的全方位立体模式——立体交通、立体生态、立体摩天楼骨架网格等这些都适度地分割了难以亲近的庞然大物，摩天大楼也可以拥有人的尺度，让人回归人的尺度下的轻松舒适。

四、看不清的未来建筑，看得见的人类踪迹

（一）人使建筑更具生命力

建筑本身大多是死的，但是有了阳光、水、空气，还有各种微生物等，建筑开始有了微弱呼吸，但是，是人类，让建筑充满了生命力。

人类始终难以摸清楚人类自己本身，也正是这样，人类本身所带来的魅力，却可以增添建筑的魅力。

就像是为什么同样是上海的石库门，一大会址就一定会保留，而边上的其他石库门，却被拆得所剩不多。一个重要原因就是那些没有被拆的石库门叫一大会址，曾经有一批人在里面发生了一些重大的故事。这个例子可能有些极端了。但是足以看出一个建筑的魅力与人有重大关系，而人确实可以增加一个建筑的魅力。

这也不禁让人想到了那个有趣的改造案例：上海新天地与上海田子坊。始终觉得新天地的改造，相较于田子坊是失败的。因为使用新天地的人几乎没有当年的人，上海新天地中老建筑的气场，随着这些原始住户的集体动迁，而不再那么纯正。而田子坊里的居民，不少还在田子坊里，他们依旧保留着过去的不少生活方式，在田子坊中你还可以看到那些木质马桶，街边堆满的陈旧却依旧随时待命上路的自行车，老式里弄的独门独户的信箱，置于走廊的水、电、煤气表，弄堂口边的菜市场，天气好，还会看到不少挂在头顶晾晒的衣服、被褥……当然，那些改建后，穿插在街巷的小店也吸引着更多的人光顾。也正是这些人，使得这些建筑有着不同的命运与不同的故事。也许在人流如梭的田子坊，你看不清那些建筑的整体模样，但是你却感受到它真实地存在。未来的建筑如果是这样，似乎更喜闻乐见吧。

（二）城市即人

每一个单体建筑都需要人的点缀，城市也是如此。在王也的“命运交叉的城市”一文中，有过这样的比较：

根据 2002 年哥伦比亚大学的经济学教授 D．Davis 和 D．Weinstein 对二战期间日本遭受盟军轰炸情况的研究，以被原子弹轰炸后的广岛和长崎为例，在遭受了如此巨大的损失后，这些城市还能迅速地回复到了战前的人口水平，且延续之前的增长态势。

在 MIT 的知名学者 Acemoglu 等人的研究中，发现二战期间纳粹在苏联被占领土上对犹太人进行的屠杀，对苏联城市造成了长期影响。二战前犹太人比例越高的城市，一旦被占领，战后的发展就越差，今天也会更倾向于支持共产党政客。Acemoglu 等人给出的解释是，战前大部分犹太人属苏联中产阶级，而纳粹的屠杀破坏了当地社会结构，极大地减少了中产阶级人数，从而显著影响了战后当地居民的职业构成、政治参与，乃至中央的资源分配，进而阻碍了经济发展。

这样的比较似乎也验证了，哈佛大学的城市经济学家 E．Glaeser 在其著作《城市的胜利》中的“人才是城市中最根本，最具创造力的部分”，以及莎士比亚的那句“城市即人”。

对于未来建筑，未来城市，人似乎是必不可少的元素，未来建筑虽然今人看不清也道不明，但是可以肯定的是，未来建筑一定有人类留下的深深印记。

（三）人是自然界中的一员

古人依靠最天然的自然条件而生存，渐渐地人们学会了摆脱一些自然条件对人类的束缚，可是到了工业革命时期，人类的大步发展的脚步开始破坏人类赖以生存的自然生态。时间到了当下，人们已经意识到了自己的破坏力之大，人们开始保护，尽力地去修复那些被人们破坏的自然生态。可是人们似乎却没有足够重视人与人之间的关系。如今，抑郁症与自杀率的上升、毒品问题等，这一系列社会问题，恰恰是由于人没有考虑到人自身对于心灵的满足。人毕竟是自然界大家庭的一员，人的本性是群居动

物，如果人与人之间的关系出现了问题，很容易出现一些更严重的问题。虽然看似这是一个社会问题，但是如果我们建筑师可以更以人为本，创造出一个拉近人与人之间距离的建筑，岂不是更好。也许这样的建筑没有明确地告诉某个人你必须和哪个人交流，但是无形的建筑气场与空间体验，却让人们下意识地去那样做。

宫宇地一彦曾经说过："20 世纪的建筑是以更快的速度建设更高层、更宽阔的空间为目的，从今以后将是用'新思想'考虑的建筑，将以进一步'更好地生活下去'为目标。21 世纪被称为环境的时代，要珍惜生命和认为用之不尽、取之不竭的水、空气和森林等用'旧思想'考虑的事情，也许 21 世纪就是应该认真地去做这些事情的世纪。"而未来的建筑呢？是不是应该是时候去考虑改善人与人之间关系的时代了呢？

特别是随着信息技术的发展，人与人之间的依赖性减少了。一栋栋独立的高层与周边毫无关系地孤立着，人与人的交流机会又被减少了。社会发展的速度不断地变快，人与人可以交流的时间也寸秒如金。当今社会，繁杂、浮躁的环境，也让人们少有时间静下心来沉淀自己浮躁的内心，是否是时候考虑未来建筑如何在不制造更为浮躁不安的环境的情况下，拉近人与人之间的距离，平复人心中的种种不安与浮躁。

五、总结

未来建筑可能真的会像《星球大战》里的一样，也有可能像那些天马行空的设计竞赛方案中描绘的景象，但是未来建筑究竟是什么样的？当下的人类通过对历史的借鉴，对设计方法的探究，对未来的创想，也许能猜个一二，但是绝对没有几个人敢立一个标准答案。未来建筑的模样似乎在远方高处的云雾当中，时隐时现，让人看不清。而对于未来的人类，也许更愿意追求有形中的无形，虽然未来建筑在那里，但是人们更愿意感受它的存在，至于看，也许总没有获得的体验来得那么强烈与深刻。但是不论未来人还是当下的人类，不能否认的是，建筑与人的关系密不可分，不论是单个建筑，还是一个城市，建筑的发展总是与人密切相关的，人的尺度，人的追求，人的梦想，人的历史，人的生活习惯，人的处世态度……相信即使是人类消失之后，未来的建筑一定留下了人的踪迹，在那些人类曾经创造使用过的建筑中，一定留下了人类的蛛丝马迹。

参考文献：

[1] Davis Donald R., David E. Weinstein.Bones, Bombs, and Break Points: The Geography of Economic Activity [J] . American Economic Review 92, 2002 (5) : 1269.

[2]（日）宫宇地一彦著 . 建筑设计的构思方法 [M] . 马俊，里妍译 . 北京：中国建筑工业出版社，2006.

[3]（美）柯林·罗著 . 拼贴城市 [M] . 北京：中国建筑工业出版社，2003.

[4] 罗小未主编 . 外国近现代建筑史 [M] . 第二版 . 北京：中国建筑工业出版社，2004.

[5] Nathan Nunn.The Importance of History for Economic Development [J] .Annu. Rev. Econ., 2009(1):65, 92.

[6]（日）藤本壮介著 . 建筑诞生的时刻 [M] . 桂林：广西师范大学出版社，2013.

[7] 王也 . 命运交叉的城市 [EB/OL] .http://blog.renren.com/GetEntry.do?id=930029566&owner=239664813.

[8] 张鑫 . 高层建筑起源与发展的必然性 [EB/OL] .http://blog.sina.com.cn/s/blog_5eaf69cb0100ckks.html.

图片来源：

图 1、图 11、图 17、图 26：作者自绘。

图 12：（日）宫宇地一彦 . 建筑设计的构思方法 [M] . 马俊，里妍译 . 北京：中国建筑工业出版社，2006：47,73.

图 2～图 10，图 18～图 20，图 23～图 25：http://www.evolo.us/.

图 13：杭州景点老照片（组图）http://zj.xinhuanet.com/newscenter/2008-01/25/content_12317501.htm.

图 14：雷峰塔老塔新塔之对比 http://www.mafengwo.cn/i/3000520.html.

图 15：雷峰塔老塔新塔之对比 http://www.mafengwo.cn/i/3000520.html.

图 16：http://www.d3space.org/competitions/.

图 21：火星网，场景原画 http://my.hxsd.com/zp/view/ThsEER.html.

图 22：火星网，场景原画 http://my.hxsd.com/zp/view/ThsEER.html.

图 27：http://mots.jp/.

短一个暑假"蹦"出来的，有很多也是之前在学校与各类实践活动中就有的。这受益于学校给了我们这些学生自由发展与大胆想象的空间，也从王海松老师的创新实践课程中，有了与同学探讨那些国际竞赛中的未来建筑的机会，看那些全世界不同地方的人是如何想象未来世界的。也很感谢魏秦老师组织我们参与"为物联网而设计"的数字空间国际工作营，让我们进一步了解对"物联网"这个新兴词汇的解读与其当下的研究与发展。

后来看到了其他获奖论文的题目，发现那些获奖论文的切入点大多相对具体，而再回头看看自己写的论文，觉得还是有些幼稚和天马行空，也有不少地方有待改进。此外，也由于时间的仓促，没有过多时间找老师来指导，行文中也有不少观点与想法不够成熟，细节和表达也有欠妥之处。

周烨珺

何雅楠
（哈尔滨工业大学建筑学院　本科四年级）

电影意向 VS 建筑未来

Movie Image Versus Architecture Future

■摘要：科幻电影总是涉及对未来城市及人类生活的描绘，建筑师本身也依据时代背景提出许多未来主义的城市理论。二者有相似之处，却又绝不相同。本文基于对 20 世纪以来的历史背景下科幻电影与建筑未来主义理论的发展比较，探讨了电影想象中的未来建筑和城市与建筑师提出的未来主义城市理论的异同，并分析其本源。进一步地，对电影想象中的未来建筑与城市对今后建筑未来主义思考的积极意义作出分析与探讨。
■关键词：科幻电影　未来主义　时代背景　建筑师　异同
Abstract: Science fiction movies always picture future cities and future human life. In the meantime, architects themselves also have proposed many futurism theory according to the background, the history they've been in. There are some similarities between the two, but which are definitely not the same. The author has made a comparison between the development of both science fiction movies and architecture futurism theories since the 20th century, exploring how future cities in sci-fi movies and futurism theories differ from each other and why. Furthermore, discussing and an analysis of how architecture futurism would benefit from future buildings and cities in science fiction movies have been given.
Key words: Science Fiction Movie; Futurism; Background; Architect; Similarities and Differences

一、当电影与建筑有约

当今人们将越来越多的注意力放在探讨建筑与电影之间的关系上，这甚至也成为了近年来世界众多建筑院校的一种流行思潮。他们通过对电影的研究，以期发现一种更微妙的回应式的建筑。这其实源于建筑与电影的关系本质确实难解难分。建筑需要动态视觉作为评价、感受以及赏析它的经验基础，反过来电影则是在时间轴上的空间推演艺术。纵观电影产生后的历史，建筑与电影由于在结构、艺术和程序上的多重互通性，无可避免地产生了互动。建筑成为电影舞台的同时，也展示了其电影的“性质”，建筑自身也成为“表演者”。

的确，电影与建筑的影响关系是双向的。如果说建筑对电影的影响是表征层面的，那么电影对建筑的影响却是基于意识层面的。扎哈・哈迪德独特的手绘建筑世界（图 1）则是在用电影的疆域来展现自己的建筑观念，建筑作为表现现代主义的“非真实”的方面，与电影、

图 1 扎哈手绘

电视的联系显然比其他艺术形式如雕塑或音乐的联系更加紧密。当今最著名的那些建筑先锋人物，如伯纳德·屈米、雷姆·库哈斯、蓝天组和让·努维尔，都承认电影对于他们在形成自己的建筑设计思路时所起到的重要作用。

有一类独特的电影题材专注于表现未来城市里的人类生活模式。可见人们对未来世界的探索与渴望从未止步，这当然也渗透到了七大艺术之一的电影中来。在如《第五元素》、《星球大战》这类的未来科幻电影中我们见到不少对未来建筑、未来城市的表现，除了建筑形态的直观表达外，也表现了未来人类在这种空间下的生活场景（图 2）。

探讨电影中的意向对实际的未来建筑发展趋势的意义，一方面在于电影想象的预见性。有些在过去的电影中表达的未来建筑、描绘的未来城市的生活情境在今天都得到了某种程度的实现。那么我们就可以分析比较电影想象与实际建筑实践之间的异同，进而对现在这个节点看到的未来的建筑作出类比、推测和假设。

其另一方面的意义则在于电影想象代表了大众文化对未来建筑的倾向以及大众对未来建筑的预期和接纳程度。建筑师往往站在专业的角度上思考建筑问题，这样得到的未来建筑的结果往往与电影中的表现是有区别的。例如，当今世界最知名的未来摩天楼竞赛 eVolo，总是基于一个全人类面临的世界性问题以期建筑师们给出专业化的建筑解决方案（图 3）。而电影中未来化建筑的表达可能并不从这样理性的角度入手。建筑师承担了对未来建筑发展趋势把握的责任，但同时建筑师也非常需要注重了解大众——建筑真正的服务对象，对

图 2 电影《云图》

指导老师点评

图纸之外的建筑文本，文本之上的建筑可能

（1）竞赛观感

设计建筑好比组织文本，会有其特定的结构、语法、语汇和修辞等内容。因此建筑学的“文本设计”与“文本写作”具有天然的共通性，但这样的天然优势在教学上并没有得到普遍的重视与发展。

目前国内、国际的建筑学教学交流基本都限制于学生作业、竞赛、联合设计和教学研讨的层面，而对于学生的专业阅读、写作训练，以及与设计相关的人文、历史、艺术等基础的甚至土壤性的培育却寥寥甚少。我们不该用“学科的悲哀”这样的大字眼儿来掩盖自身的不作为，对于我们期待出现的、只要有所尝试和改变，就会有可能的未来。《中国建筑教育》的大学生论文竞赛是我所见过最好的尝试之一，虽然或许只是筚路蓝缕的第一步，但其举办就展示了一种以启山林的态度。好比国内的很多设计竞赛，在最初的几届往往影响力很小，作品水平也比较有限，但假以时日，其影响力与水平都得到成倍的增长。目前我们的看到的这届论文竞赛就是一个很好的开端，它开拓了一种建筑学自身的图纸之外的竞赛形式，这本身就是一次求变的设计创新，同时对改进国内专业教学短板可能有着星星之火的意义。

（2）论文点评

不管面对什么样的分类方法，电影与建筑是各种艺术形式中最为高阶和综合的存在，它们甚至可以容纳、综合其他的艺术形式并成为其载体，因此具有极强的相似性与类比性。只不过电影的出现要远晚于建筑，但其发展速度之迅猛，亦远高于建筑的发展。

（转 99 页右栏）

图 3　2013 年 eVolo 竞赛一等奖

未来建筑的期待。因此，电影想象与建筑未来的异同探讨就显得异常有价值，我们从中可以得到很多启示，并为建筑的未来发展趋势提供一种新的探讨思路。

二、电影想象对未来建筑的表达

（一）涉及未来建筑的电影发展史

科幻电影考虑未来建筑及城市的过程其实是在追随着时代进步、世界工业化发展的脚步。“科幻电影的发展就是一个工业社会发展的缩影；科幻电影在观念、题材、形式上总不乏旺盛的想象力和强烈的社会、政治反思。”

19 世纪末，法国人卢米埃尔兄弟发明了“活动电影机”，直接促生了法国电影的迅速崛起。尽管后来美国由于工业化发展、科技进步飞速，而占据了科幻电影霸主的位置，但在 20 世纪初，却是法国导演梅里爱以《月球旅行记》（1902 年）、《太空旅行记》（1904 年）以及《海底两万里》（1907 年）这三部经典电影开创了科幻电影的先河，同时奠定了当时法国电影在科幻类型中的地位。此时的电影人刚刚接触科幻题材，电影内容也多为对凡尔纳和威尔斯等科幻小说家作品的改编，对未来城市的思考尚未成形。到了 1920 年代，美国电影由于制片模式改革异军突起，与欧洲科幻电影分道扬镳。此时德国电影《大都会》还在描绘机械化的巨型都市情景，而美国电影如《失落的世界》则已开始着眼于英雄主义下的城市构建。1930 年代的科技理论突破催生了一系列疯狂科学家主题的科幻电影，对未来建筑场景的描绘相对较少。1940 年代的影片则受二战影响发展停滞不前，多为重复以往路数，但同时出现了将政治倾向夹在电影中的现象。1950 年代开始，冷战给人们带来的心理阴霾催生了大量以核战争、外星生物入侵为背景的科幻影片，这些影片充斥着对外星未来建筑与城市的城市形态的描绘，其形态多为极具理性逻辑的几何形态、仿生形态或机械化倾向。1960 ~ 1970 年代，电影产业迎来后工业时代的发展，电脑技术的进步满足了人们对工业化的极限追求。对未来城市与建筑巨大尺度的描绘，在《2001：太空漫游》与《星球大战》中体现得尤为明显。1980 年代中后期至 1990 年代，时局趋于稳定且数字技术进步，电影中未来建筑风格并不统一。2000 年以后，科幻电影题材呈现多样化的局势，其表达的未来建筑与城市场景也都基于对以往种种表现形式的整合。电影中未来建筑与城市面貌呈现一个多元化的局面。

（二）多元化的未来建筑表达

科幻电影种类多样，其中对未来建筑及城市的表达也是风格多样，充满万千变化。从城市形态以及建筑形态来分析基本可以总结出以下几种类型。进一步地，如果将电影想象中的未来建筑或城市类型视为索绪尔理论中的能指[①]，则它们背后所代表的是大众对未来世界的感性诉求（表 1）。

未来主义城市及建筑色彩电影的能指与所指　　**表 1**

能指：建筑或城市类型		代表电影	所指：大众感性诉求
城市形态	超大尺度城市	《星球大战》、《2001：太空漫游》	理想主义、英雄主义，对技术的极端追求
	重复化城市	《魔力女战士》	对技术的极端追求
	极致交通城市	《第五元素》	极限追求
	废墟重生城市	《遗落战境》	对生态环境及未来的担忧
建筑形态	巨型建筑	《大都会》、《云图》	理想主义、英雄主义，对技术的极端追求
	理性曲线建筑	《银河系漫游指南》	渴望艺术与技术的统一
	机械主义建筑	《骇客帝国 3》	对技术的极端追求
	反重力建筑	《天煞：地球反击战》	渴望艺术与技术的统一

1. 城市形态

大多数电影想象中都是给出整个人类居住城市的宏观视觉描绘，这些未来城市主要分为这样几个类型：超大尺度城市、重复化城市、极致交通城市以及废墟重生城市。在很多科幻电影中，人口数量过度膨胀，城市也演变到极限开发的程度，这便形成了超大尺度城市。城市里高楼耸立、建筑单体密集拥挤，街道尺度窄小到甚至可以忽略，整个城市过度扩张到一个前所未有的范围，这本质都是源于人类的理想主义、英雄主义以及对极限的追求（图4）。重复化城市形态具有极其强烈的几何逻辑构成，多数为建筑单体与单体之间在几何形态上面极为相似又在高度、尺度、大小等方面具有一定变化。但它们都产生于一个完形的几何原始形态，具有极强烈的表征意识和仪式感（图5）。还有一类城市强调的是交通方式的进化，人类脱离了以往局限的交通，重新演绎了时空转化的概念（图6）。废墟重生城市则是基于人们的灭世情结给出的破坏性、毁灭性城市发展的悲观想象，城市建筑风格趋于破败与覆灭，营造出一种极端生存环境（图7）。

2. 建筑形态

论说建筑单体的形态，主要也有几种类型：巨型建筑、理性曲线形态建筑、机械主义建筑以及反重力建筑。科幻电影中出现的巨型建筑形态的意识来源同样是人类的英雄主义及对极限的追求，人在如此的建筑体量面前几乎可以忽略不计，强调对技术的推崇以及对

图4 《星球大战3》剧照

图5 《魔力女战士》剧照

图6 《第五元素》剧照

因此，把握电影的发展与趋向，对于建筑的发展和未来的预判具有很高的借鉴意义。除了建筑设计之外，已出现电影还都展示了未来的城市形态、社会形态、科技发展等内容，而建筑与城市的发展同样是在这些综合要素的综合作用力下的结果，它们展示的是人类对于自身生存与生活的反思、期许、忧虑和野心。作者很好地把握到了这一点，以此为凭借作为论文立论的基础，并顺势开展论证，还注意到两者的相互影响与借鉴，这部分的论述也很好地展示了其比较扎实的专业素养。即便是研究也会因人的趣味而异，对于年代与事件的敏感也成就了本篇论文最有工作量和最有含金量的部分，即科幻电影与建筑未来主义理论的发展关系论证，可以说这一部分的成功决定了论文的水准。

另外想说句题外话，就目前来看，电影产业的国内顶级与国际顶级的差距是小于建筑产业的，至少从国际水准的大师数量上来看是这样。其中一个原因是，电影多数是学习国外技术、理论，但基于自身的文化土壤；而建筑多是学习国外的技术理论后，汲取的文化也多是西方的现代、当代城市文化，导致了建筑艺术层面的文化失魅。因此谈到这个论题的时候，关于未来的电影和建筑，就自然很难有国产“角色出演”了。

董宇

（哈尔滨工业大学建筑学院，
硕导，副教授，教研室副主任）

图 7 《遗落战境》剧照

图 8 《云图》剧照

个人的蔑视（图 8）。理性曲线形态建筑多为较逻辑化的曲线形态，其背后也多有一套数学生成形态的函数法则（图 9）。机械主义建筑则将对机械的建筑化发挥到极致，对当下的机械理论进行延伸与发展（图 10）。反重力建筑的特点则在于强调人类对自然极限的挑战，对技术的无限追求，敢于突破既有的科学理论基础（图 11）。

图 9 《魔力女战士》剧照

图 10 《骇客帝国 3》剧照

图 11 《天煞：地球反击战》剧照

三、建筑师对未来建筑道路的探索

（一）未来建筑及城市前瞻理论探索

20 世纪初，建筑师对未来主义建筑和城市的探索差不多与电影中的未来化探索是同时开始的。1917 年俄国的无产阶级革命启发了俄国的构成主义（图 12），无产阶级革命的胜利引导俄国建筑师从艺术家转变为注重实践的、与社会联结的设计师。1930 年代，柯布西耶针对大城市的盲目发展和拥挤不堪的恶劣环境提出“光明城市”理论，以期待改善人居环境，将阳光还给人类。1940 ~ 1950 年代由于二战影响，建筑发展呈现停滞状态。1960 年代未来主义蓬勃发展，英国建筑电讯组与日本新陈代谢派均异军突起。其中，建筑电讯组以想象丰富却不切实际的彼得・库克的插入式城市（plug-incity）（图 13）与罗恩・赫伦的行走城市而闻名。新陈代谢派则出于对实际未来的担忧提供合理的解决方案，以丹下健三的东京规划、黑川纪章的螺旋城市以及矶崎新的空中城市影响较为深远。1970 年代，针对冷战影响，库哈斯提出“逃亡，或建筑的志愿囚徒”竞赛方案（图 14）。1990 年代，东欧剧变，柏林墙倒塌，利布斯伍兹的废墟城市（图 15）伴着一种冲垮柏林墙的力量，成为极具爆炸力的城市塑性工具。2000 年以后，建筑未来主义虽未形成统一的理论趋势，但也形成了多元化思考的局面。

（二）理论到实践的过渡

有些建筑师提出的未来主义城市理论已经被搬入现实，有些则由于过于理想化只作为一种想象理论存在。比如日本新陈代谢派的理论倾向于着眼未来解决现在困惑他们的实际问题，而英国建筑电讯组的理论却都是纯粹的、理想化的未来城市构想。1969

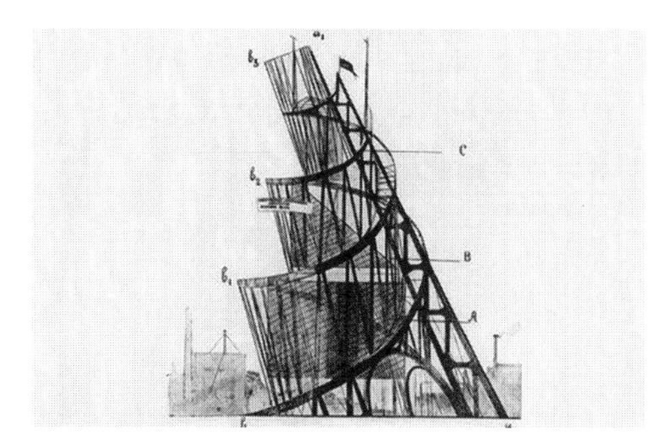
图 12 俄国构成主义绘图

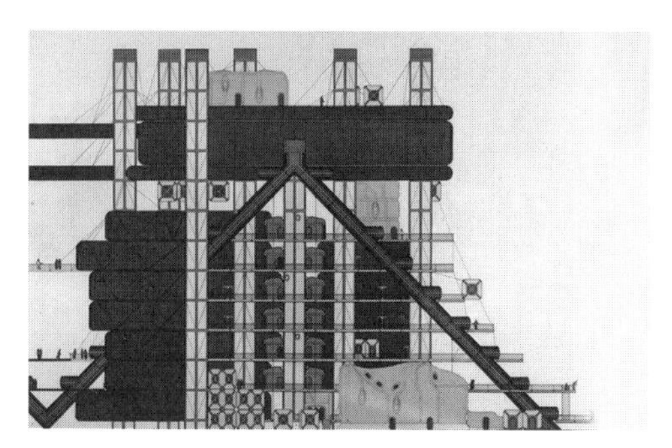
图 13 彼得・库克的插入式城市

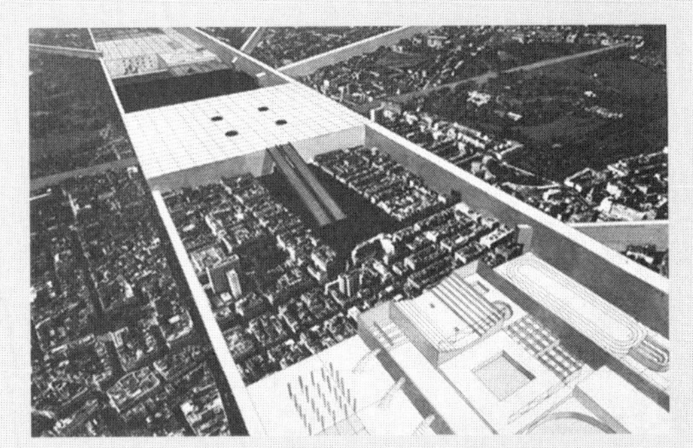

图 14　库哈斯 1972 年的“逃亡，或建筑的志愿囚徒”竞赛方案

图 15　利布斯伍兹的废墟城市

年，彼得·库克获蒙特卡罗娱乐中心设计竞赛一等奖，但在几年的尝试后因为有太多无法实现的想法而最终被搁置。此后建筑电讯组不再继续研究新的理论，但欧美建筑界的学生和年轻建筑师们却对这些新奇又不切实际的想法越发着迷。虽然其理论天马行空，在现实中不可实现，却启发并影响了后续很多建筑师的创作。法国蓬皮杜艺术和文化中心的设计就被认为深受建筑电讯组理论的影响。

然而，未来主义建筑或城市的理论在付诸实践的过程中也会经历多番波折，甚至收到评论家们的负面反馈。柯布西耶的光明城市理论在 1965 年被运用在印度昌迪加尔（图 16），却被美国作家雅各布斯在其作品《美国大城市的死与生》中批评为“精英主义的乌托邦梦想”。因为它实际上注重了综合功能的满足，却忽略了人在多样化方面的体验，最终沦为美国贫民窟的一些发展模式。但从今天来看，其理论对发展中国家产生了不小的影响，为发展中国家的建筑设计提供了启发和思路。可见理论对于实践的意义可能并不单薄、直白。理论生于一个时代，但可以作用于另一个时代。

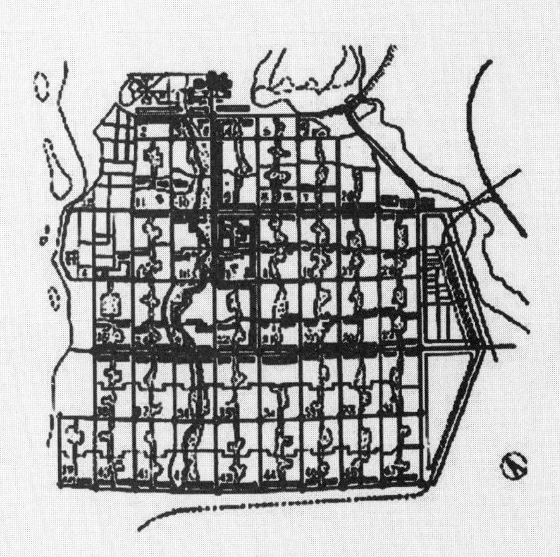

图 16　印度昌迪加尔规划平面图（柯布西耶）

特邀评委点评

文章对 20 世纪以来的科幻电影所表现的城市景象与建筑发展趋势进行比较，通过梳理两条时间线索中各自领域的发展概况，对电影与未来建筑的关系做出了梳理。文章选题独特，分析清楚，对研究对象的把握很有分寸，能够驾驭理论工具，对问题进行很好的解析，并通过图表、表格来进行作证。整篇文章叙述得体、行文流畅、结构合理，结论虽有些直白，但已经能够很好地表现出作者的研究潜力和思考能力。同时，作者能深入到研究对象本身，用细微的观察、精心的比较和诚实的思考来说明问题，并没有引用高深的理论和哲学命题，这让文章本身显出事实的说服力。这一点，是很多专业学术作者也不具备的实事求是精神。

金秋野
（北京建筑大学建筑与城市规划学院，硕导，副教授）

四、电影想象对未来建筑发展趋势的启示

（一）电影想象与建筑未来实践的异同

电影与建筑都是在大的时代背景下对现实作出反应，在很大程度上表达了每个时代人们的生活的精神面貌、对现实的批判与讽刺及对未来的憧憬与忧虑（图 17）。都是作为综合艺术，二者在表达人们情感、反映现实方面有着惊人的共同点。建筑与电影都对现实世界问题如战争、种族冲突、资源紧缺、环境污染等提供城市角度或建筑角度的应对方案。但同时二者在对未来建筑的设想与解读中有着很大的不同（表 2）。这些表征的不同则源于深层次上电影与建筑的区别。电影可以通过呈现破坏性扩张发展或毁灭发展的形式来警醒人们现行的过度工业化的恶果。但建筑师必须脚踏实地面对问题来提出可行的解决方案或者表达美好愿景。电影毕竟是虚构的，未来城市可以毁灭，但建筑师肩负着改革的使命，就不可以允许未来的城市走向颠覆。

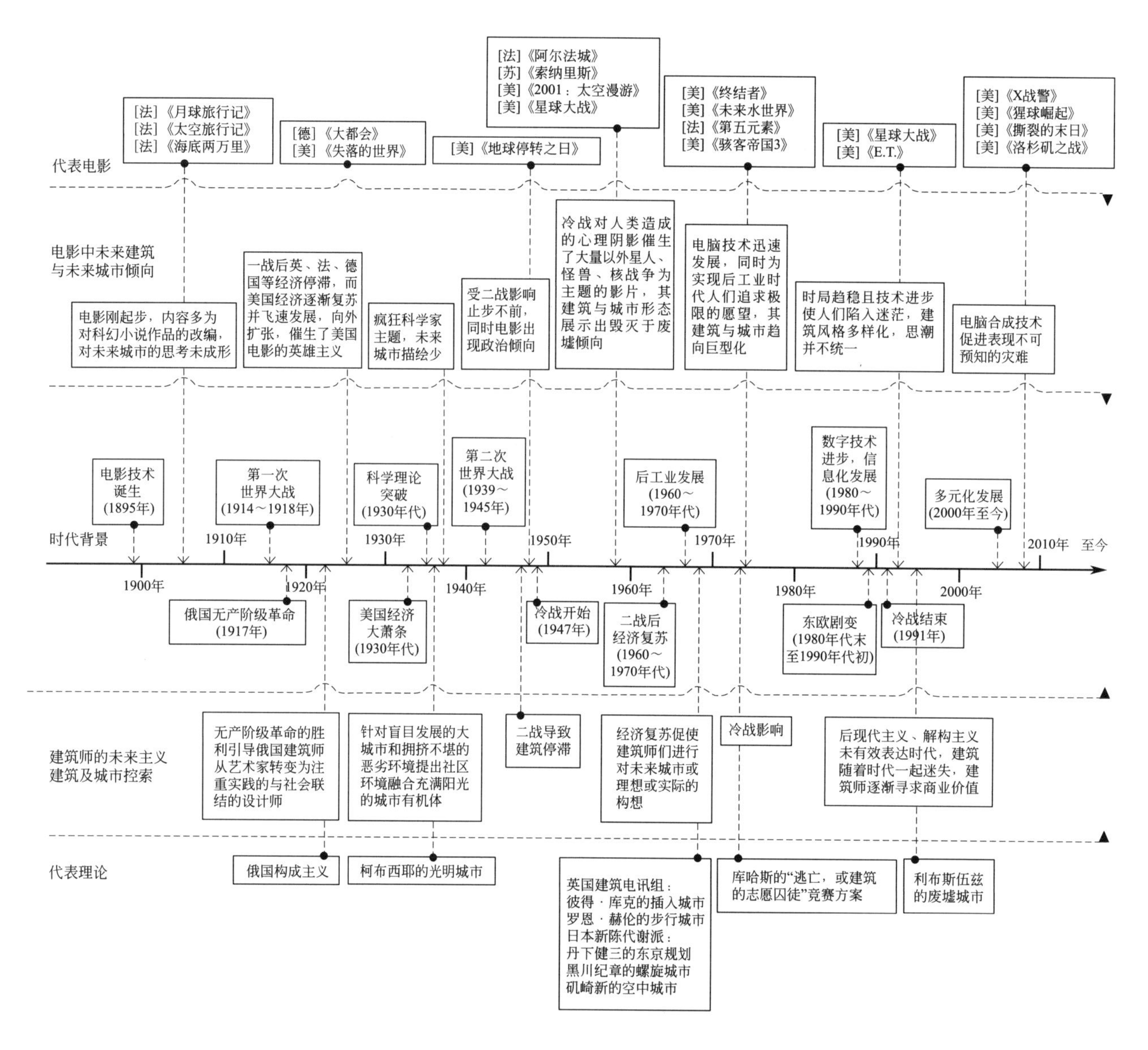

图 17　20 世纪以来历史背景下科幻电影与建筑未来主义理论的发展

电影想象与建筑实践的区别　　**表 2**

	电影想象	建筑实践
对时代背景的回应	感性表达、预期、探索	理性分析、回应
代表群体	大众文化	专业视角
理论基础	基于纯粹想象	当代科学理论引入空间
建筑形态	寻求仪式感的理性数学函数曲面	追求艺术化的自由曲面
计算机辅助	外部造型	外部造型与内部空间

(二) 电影想象对未来建筑设计的启示

1. 大众对未来建筑的预期及接纳程度作为方向参考

正如西班牙建筑师奥提斯所说，建筑与电影都是非常“综合”的艺术，在考虑电影与建筑问题时不可以单一地只关注某一方面的问题。一个好的电影是众多演员、参与各方、预算、最终票房等各方面都达到优秀的综合体。一个好的建筑，同样地，需要考虑大众的品位、功能、结构、材料形式的契合等才能达到建筑艺术的顶点。因而，建筑无论从设计或者说是提出对未来建筑设想的理论的角度来讲，建筑师不能单一地只从自己的视角“专业”地看待问题，同样需要接纳大众流行文化并尝试找到一种介于引导与迎合之间的协调的、折中的解决方式。

而电影作为一种娱乐消费产物，是需要具有群体效应的，这就使其必须迎合大众口味来赢得其市场预期。也就是说，电影中未来建筑、未来城市场景的描绘是符合甚至基于大众文化中对未来建筑的想象和预期的。既然科幻电影中对未来建筑或城市生活的展现可以代表大众对于未来生活的愿景，这就值得建筑师去仔细探寻一番其中未来建筑的特质，并作为自己进行未来城市设想的参考。

2. 大众对世界问题的关注方向引导未来建筑走向

同样地，建筑师由于专业思维的模式化，在很多人类共同面临的世界性问题方面的思考是与现实中的观察家们有所不同的，而作为建筑师又需要做到兼听则明。科幻电影往往承载了对人类面临的灾难、环境问题、种族冲突等问题的思考与解决途径，这背后蕴藏的是电影人敏锐的看待问题的思路与不同于建筑师的开阔眼界。通过电影想象中展示的未来建筑情景，建筑师们可以从中看到不曾考虑过的现实问题，并参考影片中的解决途径形成自己的未来主义理论。

3. 超前的技术美学提供造型思路

由于电影里对未来建筑的表达只是流于造型层面的，并不需要考虑实际的结构问题，或者说电影中变现的时代拥有人类现在难以想象的技术进步从而形成了甚至超乎建筑师想象的形态。而这其实本身是对建筑师的一种引导与启示。一直以来，建筑师孜孜不倦地寻找建筑形态灵感来源，每一个时代又有每一个时代的风格与取向。在当今这个多元化的时代，我们应当看到电影与建筑影响的双向性。一方面电影记录和再现了现存建筑的形态，同时电影中超前的想象建筑也可以反过来为建筑师们提供参考。

五、结语

未来始终是一个人们孜孜不倦探求的主题，电影人与建筑师也分别用自己独特的方式来表达了自己对于未来城市与建筑的观点与愿景。在大的时代背景下，这些想法有所交集，但又不完全一致。二者都是综合了各种因素的艺术，在很多方面都具有微妙独到、难以言说的相似性。对比科幻电影中未来城市场景及未来建筑形态与建筑未来主义理论中的城市及建筑，作为建筑师我们可以发现很多曾经忽略的视角。作为大众娱乐产物的电影对未来城市的探求与面对未来问题的解决方式更多展现的是大众的期待，也代表了大众的情感诉求，这恰恰是建筑师所需要关注的。同时，科幻电影的发展也为并行的未来主义城市理论提供了一个可以时时与之比较的标杆，在这个过程中建筑师会有很多意想不到的收获。无论是对未来城市发展方向的辩证思考，或是对未来建筑形态的新的尝试与探索，电影想象对建筑未来总会起到一个反思时代、激发灵感的作用。

注释：

① 索绪尔的能指与所指理论。所谓能指，即被表达者；而所谓所指，就是实际表达出来的内容。例如，我们说玫瑰花代表爱，玫瑰的形象是能指，爱是其所指，两者加起来，就构成了表达爱情的玫瑰符号。

作者心得

已实现的与未知的未来

是“未来”这个词抓住了我。

作为建筑师，我们长久地忙碌于将设想搬进现实。学生时代的训练更强调的也是建筑的实践化命题，但多数时候，不安分的建筑学子更痴迷于看似不切实际的空想理论。同时，作为生活的体验者，我们对未知与变化有着敏锐的感知。

未来主义倾向的建筑理论总是更易吸引我这样的年轻人向其投入热情。正如即便 Archigram 的风潮过去了几十年，建筑学子们还是在效仿其表现风格来绘图。

而看电影，是作为生活的观察者窥探这个世界的一种视角。电影人对未来世界的狂热不单单带来了饭后消遣，也唤醒了我内心的无数想象，更让我以一种新颖的视角来审视建筑与城市。

当两者碰撞的时候会发生什么有趣的事情呢？

在这篇论文里，我尝试着作为一个穿针引线的小角色，捕捉在一定历史阶段中两个影子各自的风姿，也慢慢拼凑出它们不俗的相遇与交叠。它们同时发生，有些有着隐秘的联系，有些却各自独立。这仿佛意味着，历史与未来是可以有着转折和选择的——但对于过去来说，一切又都是那么的注定。而未来的另一个有趣之处就在于，不管怎样，它终究会来，人们可以用来检验此前的预测，再做出新的预判和期许。这种整合时空观念的训练，对我看待以往所识历史也有常读常新的效用。

在这个过程中，我很自得其乐。

最后，一定要感谢我的论文指导董宇老师。感谢董老师在论文想法初现雏形之时给予我的启发与支持，以及在论文行文中的建议与帮助。这是一位有趣、渊博且包容的老师，能够真正接纳并欣赏这一番“脱离正轨”的思考与探索。

何雅楠

参考文献：

[1] （美）安东尼•维德勒．空间爆炸：建筑与电影想象 [J]．李浩译．建筑师，2008(12)：14–24．

[2] 闫苏，仲德崑．以影像之名：电影艺术与建筑实践 [J]．新建筑，2008(1)：19–25．

[3] 赵起．后工业化发展对科幻电影创作观念的影响 [D]．上海：上海戏剧学院，2005：1–3．

[4] 黎宁．当今建筑设计领域的未来主义倾向与思考 [J]．建筑学报，2012(9)：13–19．

[5]（美）简•雅各布斯．美国大城市的死与生 [M]．金衡山译．南京：译林出版社（人文与社会译丛），2005：165．

图表来源：

图 1：http://www.jianzhu.easyoz.com/news/00097390.html.

图 2：http://www.hinews.cn/news/system/2012/05/17/014418231.shtml.

图 3：http://www.evolo.us/competition/polar–umbrella–buoyant–skyscraper–protects–and–regenerates–the–polar–ice–caps/.

图 4：http://www.imdb.com/media/rm2853747456/tt0121766?ref_=ttmi_mi_all_sf_120.

图 5：http://blog.sina.com.cn/s/blog_5f49e07b0101d8sz.html.

图 6：http://www.imdb.com/media/rm3243169280/tt0119116?ref_=ttmd_md_pv.

图 7：http://www.imdb.com/media/rm1985981440/tt1483013?ref_=ttmi_mi_all_pos_48.

图 8：http://library.creativecow.net/kaufman_debra/Cloud–Atlas_Method–Studios/1.

图 9：http://blog.sina.com.cn/s/blog_5f49e07b0101d8sz.html.

图 10：http://www.imdb.com/media/rm3009386752/tt0242653?ref_=ttmi_mi_all_sf_26.

图 11：http://www.yupoo.com/photos/aegeans/6687294/.

图 12：www.evoketw.com.

图 13：http://archrecord.construction.com/features/interviews/0711PeterCook/SS1/2.jpg.

图 14：源自网络。

图 15：http://www.chla.com.cn/html/2008–09/18499.html.

图 16：www.zhongsou.net.

图 17：作者自绘。

表 1、表 2：作者自绘。

李 强
（西安建筑科技大学建筑学院 本科四年级）

黄土台原地坑窑居的生态价值研究——以三原县柏社村地坑院为例

Research for Ecological Value of the Kiln Courtyard in Loess Tableland Taking the Kiln Courtyard of Baishe Village in Sanyuan county as An Example

■摘要：作为生土建筑与绿色建筑的典型代表，下沉式窑洞不仅体现了当地的民居特色，而且蕴含着丰富而朴素的生态学思想，是人与大自然和谐共处的智慧的结晶，其原生的形态特征与建造方法，在一定程度上与今天的绿色建筑及可持续发展理念不谋而合。下沉式窑洞为绿色建筑提供了一个成熟的范例，对未来生态建筑的发展有着极大的参考价值。本文以三原县柏社村地坑窑为例，以探讨地坑窑的生态价值为目的进行了针对性的研究。

■关键词：生土建筑 绿色建筑 生态可持续 柏社村 地坑窑 价值

Abstract: As a typical representative of raw soil building and green building, traditional kiln courtyard not only embodies local characteristic , but also contains the rich and plain ecology thought. It is the crystallization of the wisdom of the people live in harmony with nature. Native morphological characteristics and construction method, to some extent is consistent with the concept of today's green building and sustainable development. Underground cave provides an example of a mature for green building. Besides, it has great reference value for the development of ecological architecture in the future.In this paper, we take the kiln courtyard of Baishe village in Sanyuan county as an example, and discusses the ecological value of the underground cave.

Key words: Raw Soil Building; Green Construction; Ecological and Sustainable; Baishe Village; Sunken Cave Dwelling; Value

一、引言

作为生土建筑与绿色建筑的典型代表，窑洞的生态价值特性已广为大家所认同。这种完全不用木构架的极纯朴的土建筑形态在中国众多民居建筑中独树一帜，是真正“低成本、低能耗、低污染”的生态建筑。地坑窑这种下沉式窑院亦是如此。

地坑窑流行于北方黄土地区，是一种古老民间住宅形式（图 1）。它由原始社会人类以洞穴栖身演变而来，是当地气候、环境、资源、社会和经济条件下的特有产物；它深潜土原，取之自然、融于自然；它生态环保、冬暖夏凉，是绿色生态和人居文化的有机结合。从现代绿色生态建筑的角度来看，其建筑特征与建造方式都蕴含着丰富而朴素的生态学思想，是典型的“生土建筑”；从中国古代“天人合一”的哲学思想来看，它又是人与自然和谐共处的典型范例，隐含着更本质的永恒之道。

本文通过实地调研分析，以陕西三原县柏社村地坑窑生土建筑作为研究对象，以探讨地坑窑的生态价值为目的，进行了针对性的研究。

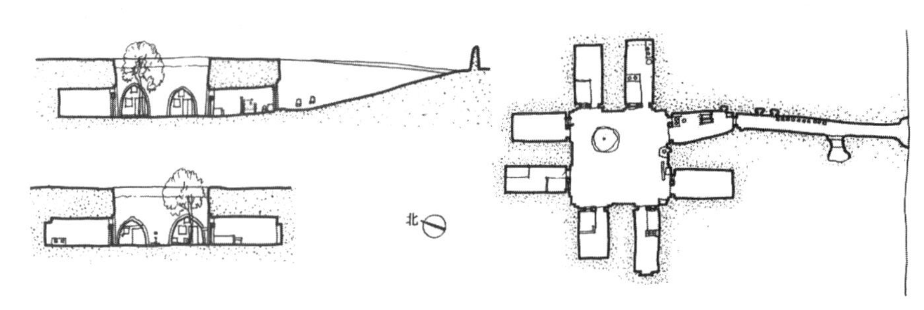

图 1　典型的黄土高原下沉式窑洞

二、柏社村地坑窑生土建筑成因

任何特定的建筑形态都是在特定的地域条件中逐步形成，同时又在特定的历史背景下发展与演变，地坑窑生土建筑也不例外。这种建筑形态在自然环境与社会背景的双重作用下，不断发展演变至今，形成了地坑窑这一复杂而又独特的民居体系，这是此时此地最适宜的居住形态。

（一）自然环境因素

柏社村位于三原县北部台原之上，是一个拥有 1600 余年发展历史的古村落。三原县所属台原处于黄土高原的干旱地带，黄土层深数十米至数百米，植被稀少，水土流失严重，而柏社村东西沟壑中却均有河流，植被相对茂密，广植柏树，“柏社”也因此而得名（图 2）。在恶劣的生态条件下，柏社村的先民们没有以破坏这里的生态环境为代价，而是以尊重自然为前提，向地下发展来索取必要的生存空间，既满足了自身需要，又保护了水土植被。先民们这种以“减法”方式建造的居住空间可以保持水土、保护黄土高原风貌、节约用地，同时也是在生产工具相对落后的条件下的必然做法（图 3、图 4）。此外，先民们在考虑地貌的同时，也考虑到了这里降水稀少这一明显不足，因而发展出了自己的一套解决方法，那就是巧妙利用地下坑窑聚集雨水的优势，在雨季用水窖储存水资源以便旱季的利用。

在历史的前行中，先民们找到了可以适合陕西关中地区四季分明、温差较大的气候条件的恒温洞穴，也探索出了可以有效地阻止肆虐黄土高原的大风的地下居住模式。这种趋利避害的自我保护思想在地坑窑这种建筑形态上表现得淋漓尽致，而这种居住模式对自然环境良好的适应性也使其一直发展演变、沿用至今。目前柏社行政村内保留窑洞共约 780 院，居住人口约 3756 人。其中，核心区集中分布有 215 院下沉式窑洞四合院，村落周边为典型的关中北部台原田园自然景象，形成了鲜明的风貌特色，被称为“地窑第一村”。

图 2　柏社村茂密的柏树

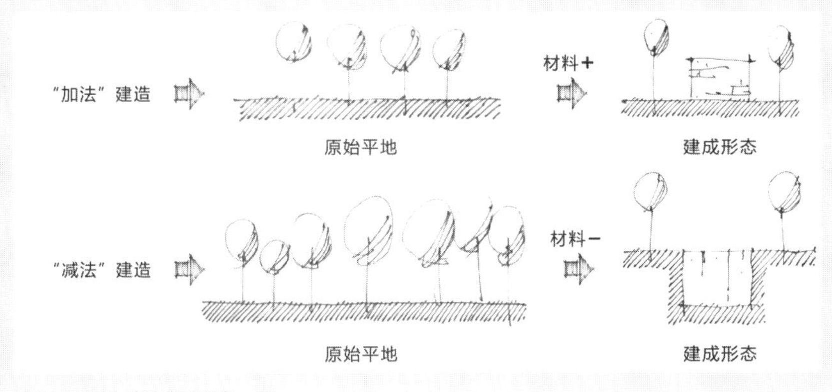

图 3 "减法"建造方式示意

图 4 黄土高原下沉式窑洞剖面

（二）社会历史因素

回望地坑窑的发展史我们不难发现，它在一次次的历史前行中不断地发展优化，逐渐形成了合理的建造方式和稳固的人居环境。经过历史的选择，地坑窑自身的价值达到了一个新的高度。

在原始社会，人们的所属物少之又少，财产对于劳动人民来说只有居住的洞穴和少量的粮食，而地坑窑建筑的建造成本低、利用率高，性价比符合劳动人民的承受力，所以经济廉价的地坑窑成为首选。进入封建社会，人们对自身和社会有了自己的认识与理解，这个时候私有财产包括窑洞住所在内受到了足够的重视。在封建的意识形态之下，劳动者在性格上诚恳朴实，活得很小心，生怕犯错，而地下窑洞的形式正好承载了劳动者内敛务实的处世态度，同时这种尊重自然的建造模式符合人类的可持续发展理念，因此地坑窑得以传承发展。此外，据《三原县志》记载，三原县地处黄土高原与泾渭平原的交界地带，既是北通延、榆的咽喉，又是扼守西安的门户，自古以来就是兵家争夺的战略要地，这时地下居住形态就显示出了其自身在战时能攻能守的优越性。到了现代社会，生产力和生产工具的巨大飞跃更是促使这种建筑形式得以改良，这时地坑窑的建造方式和空间形式等都更趋成熟。

三、地坑窑居与绿色建筑

在科学技术大踏步前进的今天，人类利用主动式措施[1]即可轻而易举地满足自身生理上的需求。如我国四季分明的北方地区，为使人居环境舒适，夏天可以利用空调，冬天可以借助暖气。但这些设备却在很大程度上过度消耗着有限的不可再生资源。在当今倡导绿色建筑技术的实际应用的背景下，应首选低成本的被动技术手段，充分结合当地地域特点和建筑特点，选择适宜技术，遵循因地制宜的原则，避免盲目的技术堆砌和过高的经济成本。和现代建筑相比，地坑窑民居在与大自然的关系、取材营造、防火、耐久性、透气、抗震性、热工性能和材料重复利用性能上均有着独特的优势。地坑窑居是绿色建筑的典范，其具备的特点对生态绿色建筑的发展有一定的参考借鉴作用。

（一）建筑与环境

从表观层面上看，建筑融入环境。建成以后的生土窑洞与黄土大地紧密地连接在了一起，窑居形象自然、隐蔽，没有过多外观体量的变化，充分地保持自然生态的环境面貌，空间形态的封闭内敛和天然材料的运用，也使其呈现出自然、浑厚的特征。整体而言，窑居村落顺应地形地势展开，星罗棋布地隐藏于黄土之中，最大限度地融入自然的肌理。值得注意的是，建筑并不是自成一体囊括于大自然之中，而是和大自然承现出你中有我、我中有你的和谐状

指导老师点评

学如不及，知行合一

论文的撰写有助于巩固和加强学生对基本知识的掌握和基本技能的训练，提升学生对多学科理论、知识与技能的综合运用能力，培养学生创新意识、创新能力和获取新知识能力。日常教学中，我也鼓励学生运用所学知识独立完成课题，以培养其严谨、求实的学习态度和刻苦钻研、勇于探索的实践精神。

该篇论文在选题上有新意，用传统建筑形式结合现代科学技术，细致地研究了地坑窑居这种生土建筑形式的绿色生态价值，从柏社村地坑窑生土建筑成因到地坑窑居在绿色建筑中的价值及意义，从建筑与环境、土地利用、材料与结构、日照与节能等方面来依次探讨，有实际的应用价值。论文中有学生自己独到的观点。该生在论文中论证了地坑窑的绿色价值并且提出了其对于现代传统建筑的生态意义，能够反映出学生的创造性劳动成果；同时结构安排合理，论证充分、透彻，有足够的理论和实例支撑。

此外，通过这次论文竞赛，可看出学生的务实精神。为了研究课题愿意深入实地一段时间进行调研；善于查阅文献，能较为全面收集关于地坑窑居建筑方方面面的资料；勤学好问，在写作过程中能综合运用所学知识，全面分析地坑窑居的现存问题以及生态价值。就论文而言，文章内容较为完整，层次结构安排科学，主要观点突出，逻辑关系清楚，语言表达顺畅、得体，论述紧扣主题。

石媛
（西安建筑科技大学建筑学院，讲师）

图 5　窑院内部丰富的植物

态——窑院内部环境自然朴实充满生机，80% 的地坑院落里都有种植植物，或艳丽的桃花，或秀气的杏花，或挺拔的核桃树（图 5），这些植物是大自然对人居环境的渗透，更反映出建造者回馈自然的态度。

从价值层面上看，建筑与自然互利共生。使用者将有限的居住空间进行立体的划分利用，保证生产、生活互不妨碍。许多农民都在自家的窑顶上种植蔬菜和经济作物，这样不仅增加植被、固化尘土和调节微气候，也使得窑居的营建与庭院经济有机地结合起来，达到节地与经济的双赢效果。而室外种植的植物加速了建筑内空气的流通，改善了室内的空气湿度。当一孔窑洞需废弃时，只需将其填平，就又回归到了它原始的黄土状态，对环境不会产生任何破坏。地坑窑建筑来源于自然、回归于自然，是自然图景和生活图景的有机结合，体现了建筑生态化绿色化的大智慧。

（二）土地利用

在现如今的中国，人口不断增长，耕作土地面积却在逐年下降，这直接导致了粮食产量的供不应求，为此我国出台了许多的应对政策。而在今后相当长的时期内，农村建房仍将持续发展。黄土高原地区在不宜耕种的陡坡上营建窑居村落，给我们提供了一种合理的发展途径。

黄土高原沟壑纵横、地形地貌复杂，适于耕作的土地面积极缺。在资源匮乏的条件下，为了提高土地的利用效率，地坑窑营建顺应自然环境条件，向土层索取有效空间，极大限度地节约耕地来发展农业，并创造了与自然和谐共生的用地方式和空间布局。同时，以节约土地为原则进行住区环境空间组织，调整和改善居住用地格局，依据地形组织不同的道路层次和统一的给排水管网，减少道路等基础设施的经济投入。

土地的可持续利用实际上是维护和发展土地利用的可持续性。土地利用方式应具备生产性、安全性、保持性、可行性和可接收性，这是土地可持续利用的基本内涵。在绿色建筑住区营建中，应深入研究地下窑居村落，保持和强化这种传统的居住空间组织方式，挖掘其节约土地的潜力并有效地改进与发展，将其用于现代的新建筑，使之能够将地坑窑“土地可持续”精神发扬光大，满足现代生产和生活的全面需求。

（三）材料与结构

建筑材料的选择同样基于当地的自然环境与社会背景。黄土高原地区植被稀少、木材短缺，仅仅用于门窗及少量家具，而反映经济能力与社会关系的砖瓦材料更是只能被用到建筑的重点部位和必需之处。对于在黄土地上耕作与生活的朴素劳动者来说，黄土是他们能够利用的最为普及最为丰富的资源，因而土就自然作为建筑的主体材料。同时较低的生产力又发展出相应的建造技术——挖窑时将黄土打坯成土砖，砌筑火炕、墙体与家具，而侵蚀剥落的墙体也可重新成型作为土砖应用于地坑窑。黄土直接取材于当地，质地均匀、抗压抗剪、强度高、结构稳定，是一种热惰性材料，可用于建窑、砌火炕或挖土脱坯烧砖。土体良好的透气性也可使地坑窑土体能够通过自身的吸湿、放湿来自动调节室内气候，改善室内物理环境。此外，窑洞废弃之后还可还原于环境，对于生态系统的物质循环过程毫不影响，符合生态系统的多级循环原则，是真正天然的环保型建材。

地坑窑的结构主要由挖凿成型的土拱作为自支撑体系，与周围土地形成一个牢固的整体，抗震性能和耐久性能良好。承重结构除黄土外几乎不需要其他的建筑材料，造价低廉。黄土高原的气候特征有明显的季节性，气温的年较差与日较差均很大，这种条件下窑洞的被覆结构（图 6）显示出了对环境良好的适应力。通常窑顶上会多覆土 1.5m 以上，利用黄土的热稳定性能来调节窑居室内环境的微气候。黄土是有效的绝热物质，围护结构的保温隔热性能好，热量损失少，抵抗外界气温变化的能力强，这是其他常用建筑材料无法相比的。当室外温度变化剧烈时，其与被覆结构间的热传递减慢而产生了时间延迟，因而使得室外温度波动对室内的影响极小，保证了室内相对稳定的热环境，达到“冬暖夏凉”的效果。测试数据显示 [2]，冬季窑洞室内一般在 10 摄氏度以上，夏季也常保持在 20 摄氏度左右；而室内湿度也在一年四季保持一个稳定水平，适于居住（图 7）。此外，问卷调查数据也表明了地坑窑极佳的舒适程度（图 8）。

黄土材料的优点使地坑窑建筑具有很好的韧性与可塑性，从而达到长久耐用、坚固且易修缮的效果。建筑者以土作为地坑窑最主要的建筑材料在当时是自然而无条件的，这种尊重自然、取之于道、用之于道的做法极具前瞻性。围护结构的保温蓄热性

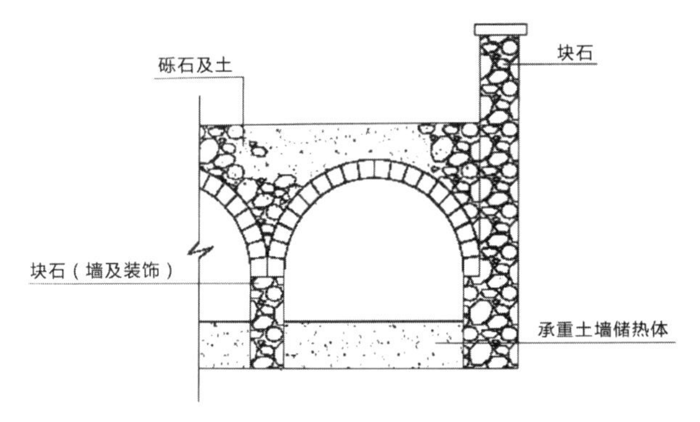

图 6　厚重型被覆结构

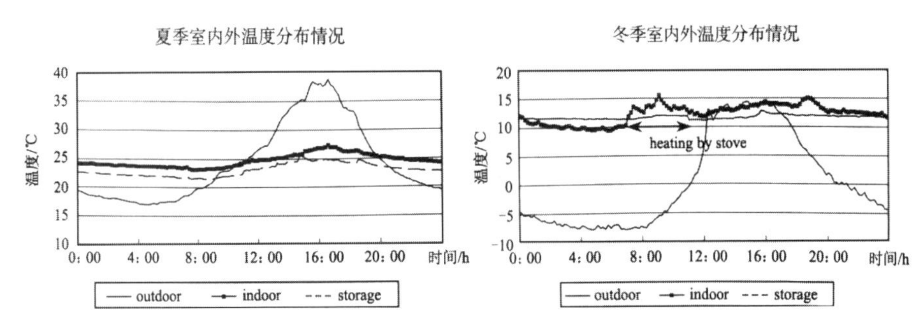

图 7　室内外温度分布情况

窑洞住宅环境舒适度问卷调查结果

舒适度 / 问卷分项	很舒适	舒适	一般	不舒适
通风状况	27%	40%	30%	13%
隔音状况	39%	28%	18%	15%
白天室内亮度	52%	31%	11%	6%
夏季室内湿度	53%	30%	12%	7%
夏季白天室内温度	55%	31%	10%	4%
冬季晚上室内温度	48%	34%	11%	7%

图 8　环境舒适度问卷调查统计表

能，极大地减少了使用过程中的采暖负荷，且天然材料的运用避免了生产加工运输的能耗，使窑居成为天然的节能建筑。至此我们可看到地坑窑生土建筑结构和选材的绿色价值与生态意义——因地制宜地进行建筑结构选型，利用当地黄土来建造节约资源与能源、生态平衡、污染最低、环境友好的绿色生土建筑。

（四）日照与节能

黄土高原区冬季干冷，所以室内取暖成为主要问题。幸运的是，该地区太阳能资源丰富，每年有多达 2700h 的日照时数 [3]。地坑窑居为获取充足的光线和热能，布局多坐北朝南，建于阳坡之上，且窑居院落相对开敞，阳光可以很容易到达，这给当代被动式太阳房提供了借鉴。在绿色建筑设计中，可以通过建筑朝向、平立面及外部环境的合理布置、内部空间和外部形体的巧妙处理、建筑构造的合理设计、建筑材料的恰当选择，使其以自然运行的方式获取、储存和利用太阳能。

指导老师点评

学以致用，力学笃行

黄土高原柏社村的下沉式窑洞不仅体现了当地的民居特色，也是人与大自然和谐共处的智慧的结晶。作为西安建筑科技大学建筑系一个学期的 Studio 课程，对地坑窑居建筑的调研及更新过程，要求学生在暑假通过查阅资料，对地坑窑这种生土建筑有一个基本的认识，并在开学后通过学习掌握地坑窑居建筑构造做法及现代改良的相应技术措施。

该生利用暑假时间去陕西省三原县柏社村进行了细致的调研分析，以地坑窑生土建筑作为研究对象，有针对性地研究地坑窑的生态价值。柏社村的基础设施较差，学生能克服困难待在当地观察并分析总结，在写论文过程中查阅了大量资料并有自己的见解，这种精神难能可贵，同时也是做学术研究的基本素养。

学术性的论文，应能表明作者在科学研究中取得的新成果或提出的新见解，是作者的科研能力与学术水平的标志。学生在论文中论证了地坑窑的绿色价值并且提出了其对于现代传统建筑的生态意义。学生参加这次论文竞赛，是对其所学的专业基础知识和研究能力、自学能力以及各种综合能力的检验。通过做论文的形式，学生的综合能力得到了一定的锻炼，进一步理解了所学的专业知识，扩大了知识面；在调研过程中能够将理论结合实际，并查阅了大量文献资料，具备了关于地坑窑一定的知识储备，为开学后的 Studio 课程的学习打下了良好的基础。

李岳岩
（西安建筑科技大学建筑学院，副院长，博导，教授）

此外，地下式窑居很好地展示了能源的多级利用。当地的人们通常利用火炕进行冬季采暖，而做饭的灶台与火炕相连，居民生火做饭的同时，将热量传递到火炕，利用生火做饭产生的余热和烟在火炕烟道中转换成辐射热。土炕的蓄热性能使其表面源源不断地向室内辐射热量来达到取暖的目的，有效地节省了采暖的能耗。笔者通过建筑全能耗软件 Energy Plus[4] 模拟建筑的全年运行，比较了地坑窑与传统住宅的能耗情况，分析了建筑材料与外围护结构对住宅负荷与空调能耗的影响，对比得出结论：在相同条件下，地坑窑建筑比传统的住宅节省约 65.1% 的能耗（图 9）。地坑窑对能源的多级利用在资源日趋匮乏的今天，顺应了可持续发展的趋势，满足了生态建筑的要求，对当今绿色建筑的研究与发展具有一定的借鉴意义。

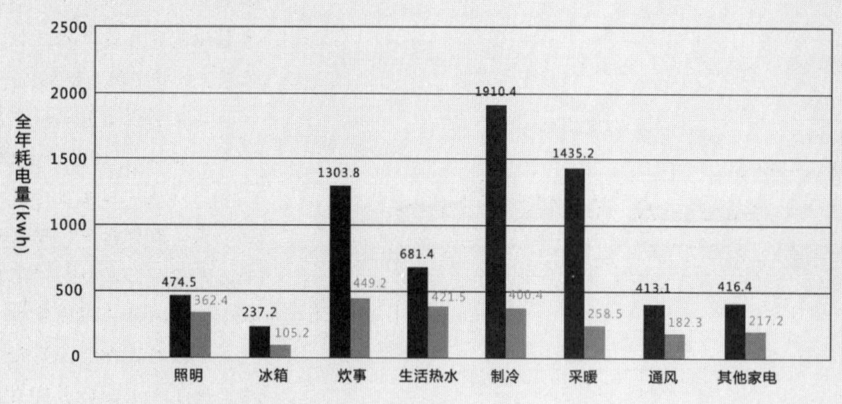

图 9　地坑窑与传统住宅的能耗对比

四、结语

侯继尧教授曾指出：“中国窑洞因地制宜、就地取材、适应气候，生土材料施工简便、便于自建、造价低廉，有利于再生与良性循环，最符合生态建筑原则。”黄土高原柏社村的下沉式窑洞不仅体现了当地的民居特色，也是人与大自然和谐共处的智慧的结晶。其原生的形态特征与建造方法，在一定程度上与今天的绿色建筑及可持续发展理念不谋而合：窑居建造者因地制宜，根据不同地质地貌条件灵活地组织空间以满足各种功能需求；建造材料完全取于当地，窑洞的外围护土体使内部空间冬暖夏凉，利用最少的能源即可创造出舒适的居住环境；循环的生活环境和生活方式最大程度上保护了环境，让环境成为主宰者，形成了隐于黄土、融于自然的和谐状态；地坑窑还能很好地做到很多现代建筑做不到的防火排火，火焰不易蔓延。下沉式窑洞为绿色建筑提供了一个成熟的范例，在人们普遍关注如何协调建筑、生态环境和人的关系等问题的今天，地坑窑生土建筑以其独有的特征和优势为干旱半干旱区的人居环境建设提供了借鉴，同时对未来生态建筑的发展有着极大的参考价值。

注释：

[1] 主动式措施：利用建筑设备如空调等来实现建筑居住环境的改善。
[2] 数据来源：周若祁等，绿色建筑体系与黄土高原基本聚居模式 [M]，中国建筑工业出版社，2007.
[3] 数据来源：周若祁等，绿色建筑体系与黄土高原基本聚居模式 [M]，中国建筑工业出版社，2007.
[4] Energy Plus：由美国能源部（Department of Energy，DOE）和劳伦斯·伯克利国家实验室（Lawrence Berkeley National Laboratory，LBNL）共同开发的一款建筑能耗模拟引擎，可用来对建筑的采暖、制冷、照明、通风以及其他能源消耗进行全面能耗模拟分析和经济分析。

参考文献：

[1] 侯继尧，王军．中国窑洞 [M]：郑州：河南科学技术出版社，1999.
[2] 雷会霞，吴左宾，高原．隐于林中，沉于地下——柏社村的价值与未来 [J]．城市规划，2014(11).
[3] 西安建筑科技大学城市规划设计研究院．三原柏社古村落保护发展规划 [Z]．2013.

竞赛评委点评

本文以三原县柏社村地坑院为案例基地，通过实地调查和文献研究两种主要研究方法，揭示了黄土台原地坑窑居的营造技艺以及其中所蕴含的绿色智慧和生态价值。作为一名尚在学习基本专业知识和技能阶段的本科学生，其深入现场展开有针对性研究的学术作风值得赞赏。该论文有理有据，主题突出。

略显不足的是，对传统地坑窑居在当代所面临的问题思考不足，这在一定程度上影响了对这种传统居住形态和技艺在当代得以传承和优化的策略理解。

韩冬青

（东南大学建筑学院，院长，博导，教授）

[4] 周若祁等．绿色建筑体系与黄土高原基本聚居模式 [M]．中国建筑工业出版社，2007.
[5] 三原县地方志编撰委员会．三原县志 [G]．西安：陕西人民出版社，2000.
[6] 李晨．在黄土地下生活与居住——陕西三原县柏社村地坑窑院生土建筑的保护与传承研究 [D]．海峡科技与产业，2014(1).

图片来源：

图 1：侯继尧，王军．中国窑洞 [M]．郑州：河南科学技术出版社，1999.
图 2～图 5：作者自摄或自绘。
图 6、图 7：周若祁等．绿色建筑体系与黄土高原基本聚居模式 [M]．中国建筑工业出版社，2007.
图 8、图 9：作者自制。

作者心得

绝知此事要躬行

本论文写于大三结束后的暑假期间。因为我选择的大四上学期 Studio 课程是关于柏社村地坑窑研究及更新，为了在开课前为专业课打好基础，我利用暑假时间深入实地进行了调研。在调研的整个过程中，我查阅了大量的文献和资料并进行了相关的思考，让我增长了不少知识，也让我学会多角度地看待和分析问题，最终将调研的成果进行整理，写成此文。当然，在这里还必须感谢两位老师不辞辛劳地对我的论文内容进行指导。老师每一次的批评与建议，都让我对自己的选题有了进一步的思考与理解。通过这次论文写作，不但让我对专业知识有更深入的理解，也让我明白，不论做什么事情都必须抱着务实谨慎、不怕困难的态度，精益求精。

当然，在本次论文写作过程中，也让我感受到了自己作为本科生在理论与实践经验上的匮乏，我们所要学习的都还有很多，决不能停止学习的步伐。“纸上得来终觉浅，绝知此事要躬行。”在将来的工作与生活中，我依然要抱着学海无涯的求知态度及勇于实践的求是精神，不断完善与提升自我。

写论文绝不仅仅是单纯的写作过程，更重要的是从中提升自己的学习与分析总结能力，并树立严谨的学术钻研精神。在老师的帮助与鼓励下，我的写作过程变得更加积极主动，从而收获更多。人生就像一场旅行，不在乎旅行的目的，只在乎沿途的风景及看风景的心境。我会继续努力，欣赏学术道路上这一路的风景。文至此，心未止。

李强

刘浩博
(华中科技大学建筑与城市规划学院 本科四年级)
杨一萌
(华中科技大学建筑与城市规划学院 本科四年级)

当社区遇上生鲜O2O—以汉口原租界区为例探索社区“微”菜场的可行性

When Communities Meet With The Fresh O2O A Feasibility Study of Micro Grocery Shop in Communities Based on Hankou Concession

■摘要：生鲜电商O2O作为一种新兴的生鲜产品销售模式正在快速发展，而在老城区中活跃的流动菜贩面对的却是如何生存的问题。本文通过分析生鲜电商和流动菜贩各自的优势和劣势，尝试将两者进行结合，以旧城社区边界处的冗余空间为载体，探讨“社区微菜场+社区微中心”的空间范式。并以汉口原租界区为例，尝试通过社区边界处的更新设计，实现“微”菜场落地于社区，同时带动社区活力再生。
■关键词：生鲜电商O2O　流动菜贩　社区　边界
Abstract：O2O fresh electricity supplier as a new fresh products sales model is rapidly developing, but the greengrocer who are active in the old city have to face the problem about how to survive. The paper will analyse their respective advantages and disadvantages of fresh electricity suppliers and the greengrocer, and try to combine them. With the redundancy space of urban community boundaries as the carrier, we explore the space paradigm of “micro community farms + community micro center”. We also take Old concession District of Hankow as an example, and try to achieve landing the “tiny” farms in the community through the renewal design of community boundaries while activating negative space in community.
Key words：Fresh electricity supplier O2O；Flow greengrocer；Community；Boundary

当代电子商务快速发展，因其省时、价廉、不受时空限制等优点，深受消费者的青睐。近几年，生鲜电商O2O（以下简称：生鲜O2O）凭借其新型销售模式，成为电子商务行业的又一热点。作为人们日常生活的必需品，生鲜产品的需求量巨大且市场广阔。而生鲜产品销售和电子商务的结合，则为人们购买生鲜产品提供了极大的便利。但其也面临着诸多问题而依旧难以推广。另一方面，与生鲜产品销售同样密切相关的，是在中国大多数城市的老城区中存在的大量的流动菜贩。这类“非正规”的经营模式长期遭受城市管理者的排斥。但流动菜贩的屡禁不止、持续活跃似乎也反映出他们本身具有的一定优势。

下面结合笔者在汉口原租界区所做的尝试，探索将生鲜 O2O 与流动菜贩予以结合，以改造设计后的旧城社区之间边界空间为场所，实现生鲜 O2O 模式的落地、流动菜贩经营的合法化以及社区冗余空间的激活。

一、生鲜 O2O 模式的现状

O2O 即 Online to Offline，是通过“线上营销 + 线下服务”的模式以实现电子商务与实体经济的有效对接。消费者在网上下单完成支付，然后到实体店完成消费。在生鲜 O2O 诞生之前，生鲜产品的销售主要有传统菜市场零售和单纯的生鲜电商两种模式。相比这两种模式，生鲜 O2O 的主要优势有：(1) 简化了过去菜市场等传统的销售模式中长途运输、加工、储存、批发等大量环节。(2) 满足终端的消费体验。消费者有机会在选购过程中与商家面对面接触，从而可以获得更优质的服务，同时消费者也可以按照个人的喜好拣选菜品。(3) 优化客户关系管理。商家可在网站或手机 App 上及时更新基本信息和促销活动，有利于销售关系的维系和品牌的低成本推广。

凭借农产品的系统化、互联网化和线下实体店的本地化，产品新鲜、配送高效等优势越来越显著。生鲜 O2O 也同时受到了包括京东、阿里巴巴在内的众多电商巨头的青睐。但作为一种新兴的电商模式，生鲜电商 O2O 也面临着诸多挑战：(1) 运营商开设的线下实体店前期需巨大的资金投入，包括店面租赁费用和电子设备、冷藏设备成本等，这让许多投资者望而却步。(2) 作为日常购买生鲜产品的主力军，许多老年人对网络及智能手机并不熟悉。这使他们很难适应生鲜 O2O 这样一种新的消费模式，以致生鲜 O2O 无法与传统售卖模式进行有效的竞争。

二、国内旧城现状问题

(一) 流动菜贩的尴尬处境

在中国许多城市的老城区中都存在有大量的流动菜贩，他们持续活跃却处境尴尬。一方面，占道经营和带来的环境卫生问题确实给当地居民生活带来了消极影响。另一方面，流动菜贩群体中包含了大量外来务工人员、下岗待业人员，这些人属于城市中的弱势群体。他们往往缺少资金和谋生技能，社会关系较为薄弱，抑或许是年龄偏大，文化程度较低，这让摆摊设点成为他们中很多人唯一的谋生手段。但随着我国迈向现代化社会进程的加快，在传统城市“自上而下”的管理理念和“强政府—弱社会”管理模式下，对于属于非法经营的流动菜贩，城市管理者往往采取了强硬的手段来拒绝他们的存在。而公共政策的回应迟钝又致使菜贩诉求不能及时得到反馈，于是形成了流动菜贩与城市管理者长期的对立状态。但与此同时，他们却也提供了价格低廉、方便快捷的生鲜产品，在服务于当地居民的同时承载着人们对市井化日常生活的记忆，也作为一种旧城文化而焕发着生命力。他们本应得到社会的关怀和帮助。

流动菜贩这样一个群体虽由来已久，但流动菜贩的管理问题从未像今天这样令人关注和引人争议，它更是一个复杂的社会问题。对此，我们需要做的应该是寻找一种适合的治理模式，在解决既存矛盾的同时，满足多方的利益诉求。

(二) 旧城人口老龄化现象

中国 1999 年开始步入老龄化社会，在大部分省市区，老龄人口比例均超过了 10%，并且在未来的 40 年还将高速发展下去。而在大多数城市的老城区中，大量居民是当地没有搬迁的老住户，他们大多年事已高。在人口老龄化的大背景下，老年人口基数较大的老城区更需要得到足够的重视。人在衰老的过程中，一方面是生理功能的退化，另一方面是社会关系的萎缩。而在老城区中，不健全的社区服务设施给老年人的日常生活带来不便，极其匮乏的交往与活动空间给老年人的社会交往带来阻碍，老城区的生活环境并没有带给老年人更好的生活质量。旧城人口老龄化现象需要配合积极的老龄化建设，更需要重新思考老年人和城市的关系。

(三)“围城”下旧城公共空间的匮乏

在城区建设储备用地逐渐消耗殆尽的时代背景下，旧城区因开发时间较早，规划增量已成无的之矢，这意味着我们只能在此基础上进行存量优化与再开发。其中，对由于空间不合理使用而产生的“冗余空间”“消极空间”来进行更新设计尤为重要。

在中国早期的城市规划中，作为边界的“墙”已是不可或缺的重要元素。家有院墙，城有城墙。而在当代，随着数十年来中国城市建设的急速扩张，城市俨然成为房地产商的“围

指导老师点评

微创新——源于生活的新型社区中心空间范式

该论文是在作者的设计竞赛获奖作品基础之上所进行的进一步理论探讨和总结。作者通过深入细致的社会调查，敏锐地发现我国城市中旧城区普遍存在的一系列问题，比如流动摊贩的合法性问题，社区边界充斥的消极空间，与此同时社区又严重缺乏开放空间等问题。作为对新兴事物持开放态度的年青一代，作者通过引入当今电子商务的 O2O 模式，巧妙地创造出一种集合微型菜场和微型社区公共空间的新型社区空间范式。这一微型社区中心不仅联结了线上购物与线下体验，还为外来民工提供了就业岗位，并为中产阶层和中低收入人群提供了低消费场所。它在功能上重点关注外来民工、社区老人和儿童这三个群体，为他们提供了共享的开放空间；在空间上，又可作为社区邻里中心的毛细血管，广泛分布于居民的生活周围，使居民在步行范围内即可到达。这一创新的空间范式还具有低价、便捷、可拆卸、规模可变的特点，可适应规模不同的社区，对我国的社区中心建设具有一定的启发意义。

该论文写作较为规范、严谨，希望在理论总结方面再做进一步的探讨和提升。

彭雷

（华中科技大学建筑与城市规划学院，硕导，副教授）

城”。围墙限定了小区私有领地和城市公共空间的界面，把社区居民束缚在“孤岛”之中，城市肌理被社区割裂，而城市则变成了社区“孤岛”的集合。这必然造成了公共空间的匮乏，居民生活的不便。威廉•H•怀特曾在他的经典著作《有组织的人》(The Organization Man) 中提出：“社区、广场、院落等公共空间的边界设计是一个关键因素，可以促进或阻碍社会居民的交往。”而由于围墙的存在，反观现有社区间的边界空间，大多无人问津，变成了城市边角料空间。

边界空间的更新设计或将成为从现有“围墙城市”向“开放城市”转变的一个踏脚石和使当前旧城社区重新焕发活力的重要手段。当那些曾被封闭社区切割至四分五裂的城市肌理重新联系起来时；当那些曾被围墙和大门私有化了的道路、景观、公共设施等为全民所共享时，我们将迎来一个全新的“开放社区”。

三、以汉口原租界区的社区微菜场设计为例

笔者尝试将生鲜 O2O、流动菜贩、原租界社区边界空间三者的优劣势进行整合后，通过对现存的围墙进行改造和再设计，生成“社区微菜场 + 社区微中心”这一新的空间范式，并探讨其可行性：(1) 社区微菜场在为流动摊贩提供合法的销售场所的同时，在菜场上的二层拓展出公共活动空间。(2) 它不仅为流动菜贩等弱势人群创造了稳定的就业机会，同时方便了居民日常生活。由于地租成本的大幅降低，还克服了生鲜电商零售终端成本过高的缺点。(3) 微菜场在结合流动菜贩室外售卖模式和生鲜市场室内售卖模式后，成为了更优于传统菜场和生鲜 O2O 的商业空间类型，开放的环境也促进了人与人之间的交流。

（一）原租界区大菜场及马路菜贩分布情况

汉口原租界位于湖北省武汉市江岸区。原租界区南起江汉路北边的边缘，北抵黄埔路，西抵中山大道，东面临江 。有原英，俄，法，德，日五国的租界，沿着长江一字排开（图 1）。

如今，原租界区内任保留着较好的历史风貌。由于存量土地的开发时间过长，开发力度过大，已无法新建大型菜场。现状中仅有胜利街、兰陵路、天声街三个生鲜市场。由于数量较少，存在较大面积的服务覆盖盲区，许多市民不得不走上几站路才能买到新鲜蔬菜。于是，大量的流动菜贩开始活跃于这样的盲区内，为有需要的居民提供更便利的服务（图 2）。根据笔者调查访谈，她们大多为外来务工和下岗再就业群体，生活较为困难。

（二）原租界区社区边界现状

原租界区内分布着大量里分住宅，主要建成于十九世纪末到二十世纪上半叶。这种住宅形式由多栋联排式住宅组成（在上海被称为“里弄”，在武汉通常被称为“里分”)。

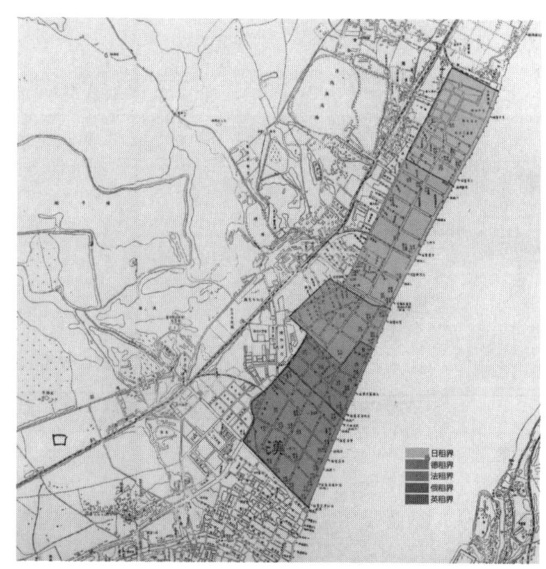

图 1　五国租界分布示意图

图 2　吉庆街附近活动的菜贩

在经历了近百年的风雨岁月后，人口密度急剧增加，许多里分住宅内部经过改造，原本的设计为一栋一户或一栋两户，如今已成为一栋八户甚至更多。这里不仅居住空间狭小，公共空间也极度匮乏。与此同时，在社区与社区的边界处，围墙的兴建又产生了更多消极的“冗余空间”，阻碍了社区居民间的交往，居民的日常公共活动得不到有效的开展，生活品质难以保障（图 3）。

（三）社区微菜场设计策略探讨

1．数字时代的微菜场运营模式（图 4）

（1）通过生鲜 O2O 的“菜联网”系统，实现蔬菜从基地向各社区微菜场的高效低成本配送，

3-1

3-2

3-3

图 3　部分社区边界围墙处的现状

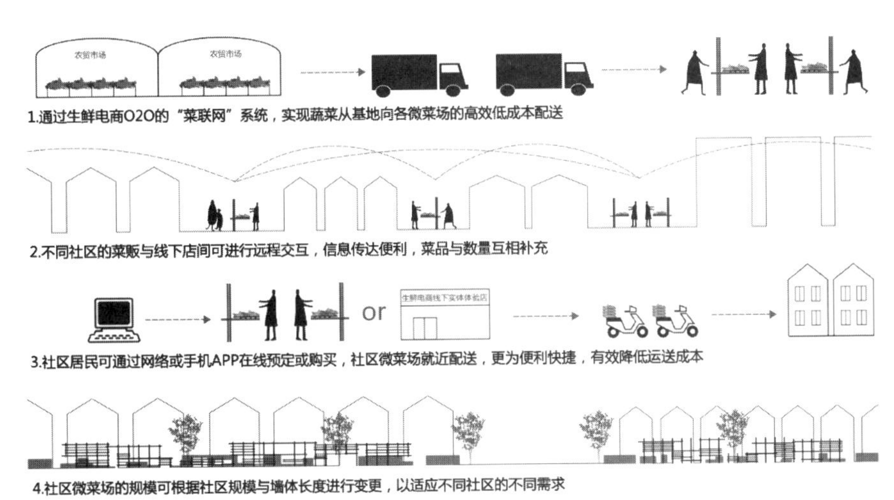

图 4　微菜场的运营模式图示

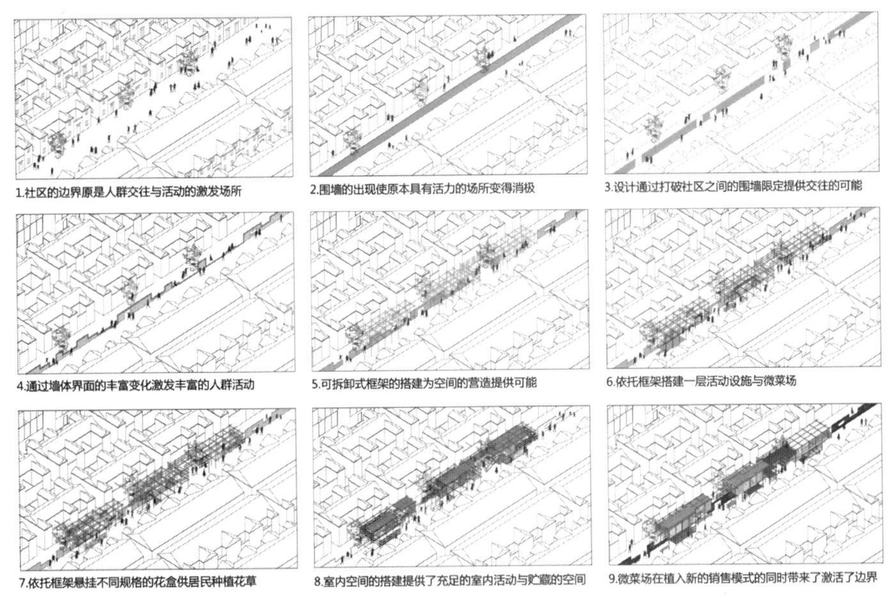

图 5　微菜场形式生成图示

从而消除了传统蔬菜运输中的“最后一公里”现象。（2）线下实体店结合了传统的售卖模式，可以让消费者直接选购菜品，延续了传统菜市场的市井文化。（3）随着数字时代手机 App 的普及，社区居民可通过手机 App 购买／预定／配送蔬菜，使买菜更为快捷便利，满足了大量行动不便的老人和早出晚归的上班族的需求。（4）微菜场之间可进行远程交互，信息沟通便利，使得不同售卖点间的菜品实现数量和品种的互相补充。

2. 微菜场的形式生成（图 5）

设计首先通过打破社区之间的围墙以提供居民之间交往的可能，再通过墙体界面的丰富变化满足不同活动在不同尺度下的需求。同时依托可拆卸式的框架搭建一层活动设施与微菜场空间，并在框架上可悬挂不同规格的花盒供居民种植花草。二层的室内空间则提供了生鲜产品的贮藏空间以及社区的公共活动空间。微菜场在植入新的销售模式的同时重新激活了社区本无人问津的边界区域。

3. 边界围墙的界面变化与活动空间关系（图 6）

笔者尝试对原本单一界面的围墙进行改造。通过对居民、菜贩活动尺度的分析重构出新的墙体界面，承载诸如健身、休憩、售卖、观演等丰富的户外活动活动。

4. 室外售卖摊位与花架搭建分析

通过构架不同的搭建方式以适应菜贩多样的售卖需求。菜贩可根据当日进货的实际情况，自行搭建适合的摊位。摊位可在水平和垂直方向上进行拓展，便于存货量较大时的日常管理和不同菜品的分类销售（图 7）。

种花植草是大多数老年人日常喜爱的活动之一。笔者尝试设计了可嵌入构架中的特制的花盒，人们可使用该特制的花盒种植自己喜爱的花草，嵌入到搭建好的构架中，可供日常打理。日积月累，更多的花盒会密布于构架上，更多幼苗会成长会枝繁叶茂。也会有一天，茂盛的绿植依附于构架形成花墙，为社区带来勃勃生机（图 8）。

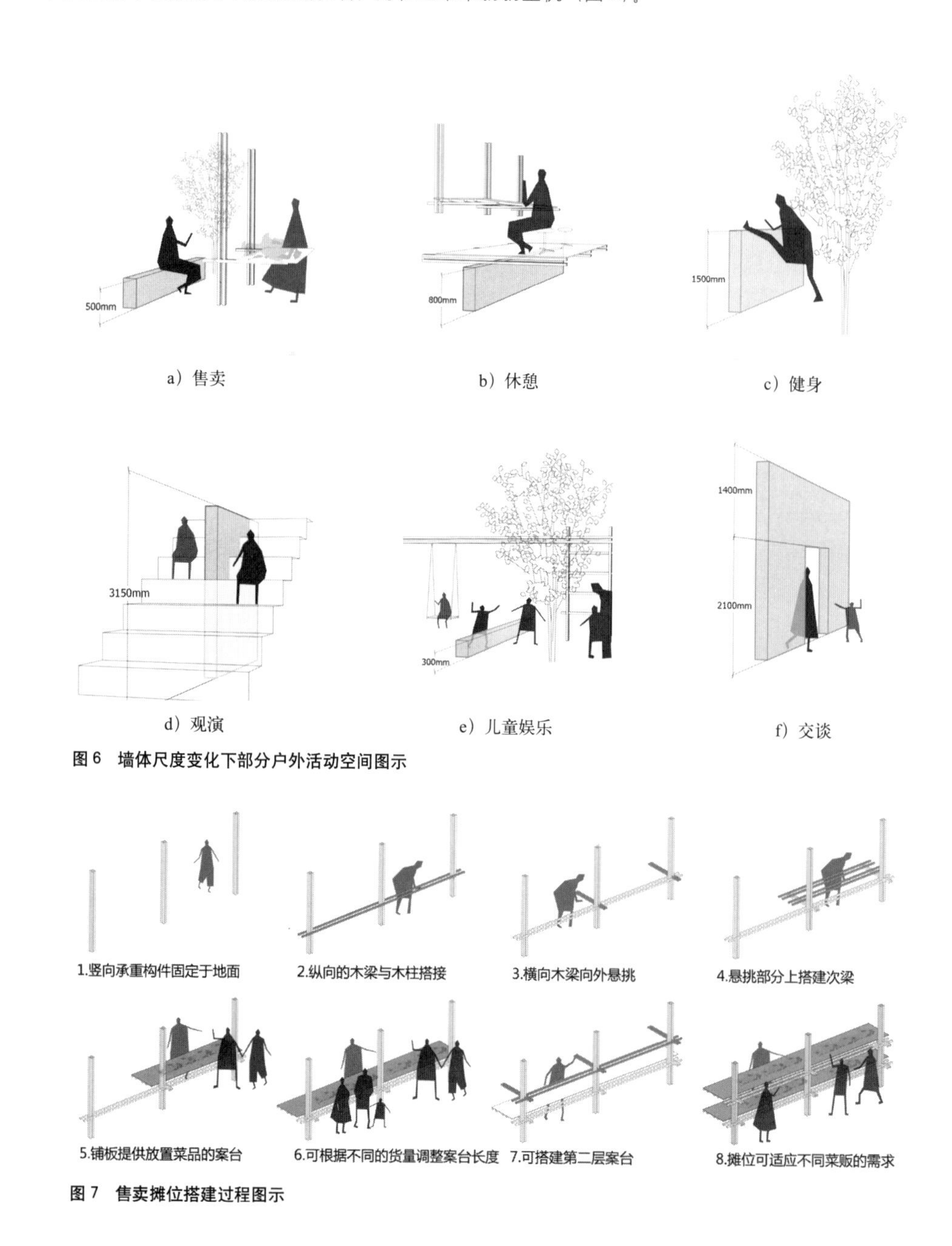

图 6　墙体尺度变化下部分户外活动空间图示

图 7　售卖摊位搭建过程图示

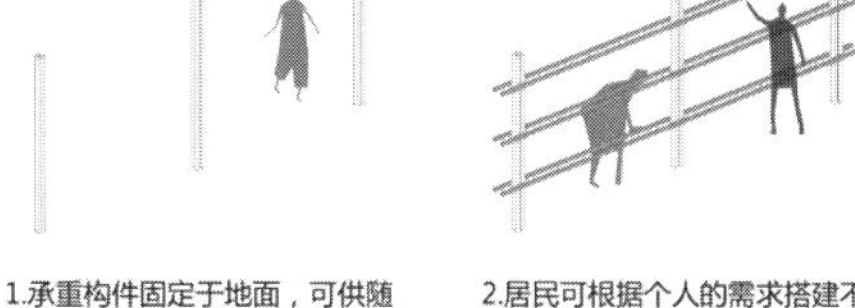
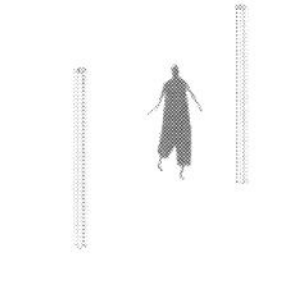

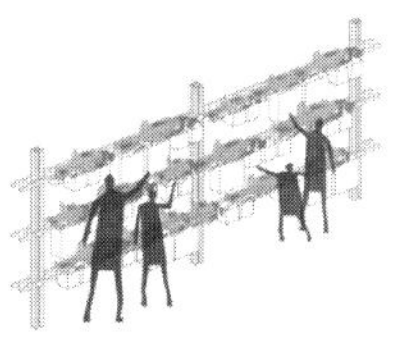
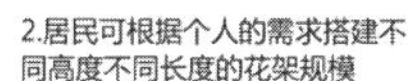

图 8　花架搭建过程图示

5．线下实体便利店

在一层设有小型的便利店，它将作为生鲜 O2O 模式中的线下实体店存在。一方面，客户线上订购后可以选择直接在附近的便利店提货，便利店中设有冷柜可为生鲜产品提供保鲜。另一方面，实体店的存在让选购不仅仅限于线上网络平台，客户依然可以选择线下便利店中亲身体验实物，并可以和销售人员面对面交流，丰富了消费的体验，增加了销售的多样性。同时在人口老龄化的大背景下，老城社区中老年居民的生活质量急需提高，便利店不仅设置了小型综合服务站，也为老年人提供了一个纳凉、聊天的场所。小型便利店与室外销售摊位相配合，共同构成了社区中的“微菜场”，遍布于老城中大部分社区。便利店的面积可根据社区规模做灵活调整，$50m^2$ ～ $200m^2$ 均可。这不仅有效地弥补了原生鲜市场的服务覆盖盲区，还增加了社区公共空间和服务设施（图 9）。

图 9　效果图

四、结语

在当今数字时代背景下，“社区微菜场＋社区微中心”这种空间范式的核心价值在于它利用了原本消极的城市“边角料”空间提供给流动菜贩一个固定的售卖点，也为社区居民创造了一个便捷的消费场所。同时又通过微菜场聚集了人群，使原本消极的社区边界空间获得了新生，提供了更亲民的社交空间，在人口老龄化的大背景下，这样的空间弥足珍贵。在这种空间范式下所形成的“微型”社区中心完善了社区公共服务设施和社区中心的层级配套，最终为整个旧城区注入了新的活力（图 10）。

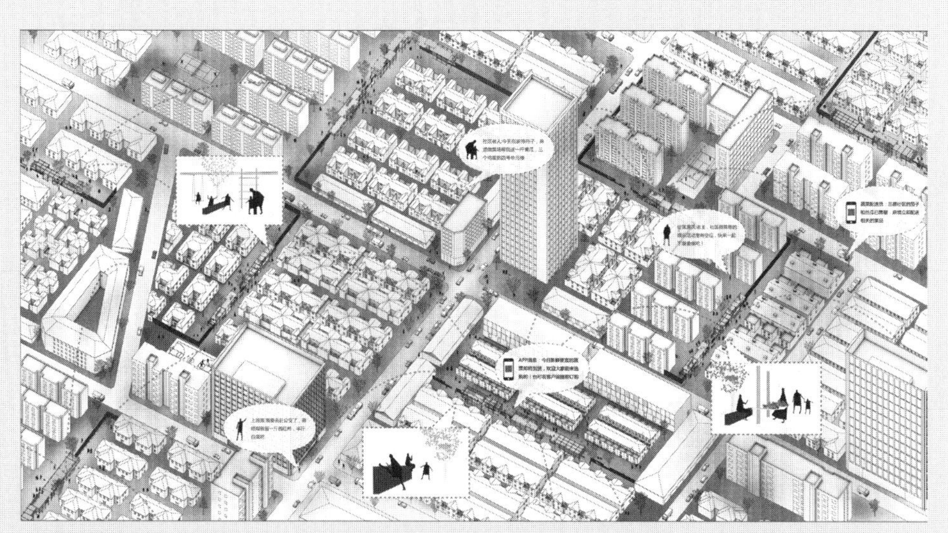

图 10　轴侧图

竞赛评委点评

本文关注电商时代社区居民日常生活的便利性，并尝试通过微设计为社区灰空间的活力再造提供新的可能性。关注老百姓的日常生活，使得本文选题具有了普适性的价值；加上作者对老百姓日常生活空间的细致调研，使得论述具有可靠的说服力，这两点使其提出的微设计理念与方式有诸多可取之处。当然，作为一种设计策略，其可行性有待进一步的研究，特别是街巷的尺度、交通、管理等因素对“微菜场”布局和形式的影响，尚待深入探讨。

刘克成
（西安建筑科技大学建筑学院，
博导，教授）

参考文献：

[1] William H. Whyte. The Organization Man[M]. Pennsylvania：University of Pennsylvania Press, 2002
[2] 张秀 . 墙的历史演变：从"壁垒严森"到"行思无界 [J]. 现代农业科技 .2010(6):202–204.
[3] 陈思敏，陈晓明，彭建 . 消隐的围墙 [J]. 华中建筑 .2013(2):15–18
[4] 王彦辉 . 中国城市封闭住区的现状问题及其对策研究 [J]. 现代城市研究 .2010(3):85–89
[5] 黄耿志，李天骄，薛德升 . 包容还是新的排斥——城市流动摊贩空间引导效应与规划研究 [J]. 规划师 . 2012(8):78–83
[6] 袁野 . 城市住区的边界问题研究——以北京为例 [D]. 北京：清华大学：2010.10
[7] 杨柳，翟辉，冼至劲 . 生鲜产品的 O2O 模式探讨 [J]. 物流技术 .2015(3):13–16
[8] 石章强，冉桥 . 当社区遇上生鲜，O2O 在哪里 [J]. 销售与市场 .2014(12):45–47
[9] 刘静 . 生鲜电商 O2O 模式探讨 [J]. 现代商业 .2013(36)84–85
[10] 雷钟哲 . 菜贩进社区值得推广 [N]. 陕西日报 .2012–2–6 (5)
[11] 丁辰灵 . 市民爱上生鲜电商 [J]. 沪港经济 .2013(10).48–49
[12] 姚栋 . 面向老龄化的城市设计——"柔软城市"的再阐述 [J]. 城市建筑 .2014(3).48–51

图片来源：

所有图片均为作者绘制或拍摄。

作者心得

基于现实的思考与放眼未来的想象

如果要我解释为何对建筑设计如此着迷，那便是她能赋予人对未来无限憧憬的希望。对未来的虚构是设计师的特有权利：想象如何回应场地环境，如何进行空间组织，未来的使用者如何生活等。对建筑设计的追求也会受到当下社会背景、历史文脉、科技经济等诸多因素的限制。不论是古埃及的金字塔，还是雅典的卫城，抑或中国的故宫，都是当时的人民对美好的、永恒的事物的追求在现实世界中的物质载体。

在某种意义上，课程设计、学术竞赛甚至建筑实践，其出发点都可以归纳为"基于现实的思考"。以本案为例，我和合作伙伴杨一萌在设计之初仔细地分析了汉口原租界区的功能区划、图底关系等物质性的问题后，彭雷老师向我们强调了对于场地内现有社会问题的敏锐关注和深刻理解，并提出继续深入观察场地上人群的行为活动。随后，我们走进了原租界区的街头巷尾，通过和当地居民近距离接触来了解他们的日常生活。经过一系列的调研，我们最终确定了以原租界区流动菜贩的社会问题为我们设计的出发点。

接下来对设计目标的实现则需要"放眼未来的想象"，以寻找积极合理的解决策略和建筑语言。一个好的设计概念则更能突破现有框架和理念的束缚，达到"四两拨千斤"的效果。在此阶段，我们基于前期调研进行了大量的头脑风暴，提出了多种创新模式，也经历了百思不得其解的"折磨"。最终，我们敏锐地关注到了新兴的生鲜产品销售模式——生鲜电商 O2O。通过分析它和流动菜贩各自的优势和劣势，尝试将两者进行结合，以旧城社区边界处的冗余空间为载体，探讨"社区微菜场＋社区微中心"的空间范式，通过对社区边界处的更新设计，实现"微"菜场落地于社区，同时带动社区活力再生。

在建筑设计结束后的论文写作过程，则是对设计思路的一种梳理与反思。在这个过程中，我们进行了文献资料的查阅和调研回访活动，加深对流动菜贩和生鲜电商 O2O 两种模式的思考；进一步探讨了设计的普适性，以使其能适应不同的环境；在建筑的建构方式和可持续性上也进行了改进与突破。在写作的过程中，我们也认识到，作为建筑学生，我们的设计理论和手法还尚显稚嫩。但我们可以饱含热情，在根植于现实的基础上抒发对自身所处环境的关注，并提出创造性的思路和憧憬。

最后，感谢论文竞赛主办方提供的宝贵平台，感谢老师的悉心指导，感谢朝夕相处、一起熬图的合作伙伴！

刘浩博

中国建筑学会地下空间学术委员会成立大会暨学术研讨会在西南交通大学举办

2016年12月28日，中国建筑学会地下空间学术委员会正式成立，第一届中国地下空间学术研讨会同日在西南交通大学顺利举办。

出席本次大会及研讨会的领导、专家有：中国工程院院士王建国、西南交通大学校长徐飞、中国建筑学会常务副秘书长张百平、中铁二院集团总经理朱颖、上海建筑设计研究院董事长刘恩芳、西南交通大学校长助理何川等，以及涵盖包括清华大学、东南大学、同济大学在内的40余所高校及40余家国内著名设计院的学界、业界的代表140余人，共济一堂，共同见证了委员会的成立，对我国地下空间的发展与利用进行深入探讨。

第一届理事会会议会上，西南交通大学建筑与设计学院院长沈中伟致欢迎辞，并就委员会筹备情况进行了汇报。中国建筑学会常务副秘书长张百平宣读了"中国建筑学会地下空间学术委员会成立的批复"及委员会第一届理事候选名单。全体理事审议并表决通过了《中国建筑学会地下空间学术委员会工作条例》以及理事长、副理事长、常务理事、理事组成，沈中伟教授被选为中国建筑学会地下空间学术委员会首任理事长。

会议期间，西南交通大学校长徐飞、中国建筑学会常务副秘书长张百平、中国工程院院士王建国分别致辞，并颁发理事证书。西南交通大学校长助理何川主持会议。

成立大会后，第一届中国地下空间学术研讨会共进行15场次学术研讨，涵盖地下空间学术领域的各个方向。

中国建筑学会地下空间学术委员会的成立，标志着中国建筑学会在地下空间发展中将发挥更加重要的引领作用，有力保障地下空间科学合理地开发及设计，促进地下空间规划编制及管理有效实施，健全地下建筑设计规范，编制地下建筑设计标准，优化地下空间物理环境及心理环境，确保地下空间安全及消防疏散，建立地下空间管理及信息系统等。这是住房和城乡建设部正式发布《城市地下空间开发利用"十三五"规划》后，中国建筑学界的重要举措，让中国建筑学界为实现"两个一百年"奋斗目标和中华民族伟大复兴的中国梦增添强大中国力量。

中国建筑学会建筑产业现代化发展委员会人才教育专业委员会成立大会顺利召开

2016 年 12 月 17 日上午 9 时，中国建筑学会建筑产业现代化发展委员会人才教育专业委员会成立大会在北京顺利召开。中国建筑学会建筑产业现代化发展委员会理事长叶浩文、秘书长叶明、副秘书长姜楠，中国建筑工业出版社党委书记尚春明以及副社长、总编辑咸大庆出席大会。会议由中国建筑工业出版社副总编辑刘江主持，来自中国建筑股份有限公司、华东建筑集团股份有限公司、同济大学、哈尔滨工业大学、上海城建职业学院、山东城市建设职业学院等单位的会员代表近 50 人参加了大会。

中国建筑工业出版社副社长、总编辑咸大庆代表人才教育专业委员会挂靠单位中国建筑工业出版社致欢迎辞。他首先对各位来宾的到来表示欢迎，然后介绍了中国建筑工业出版社的历史背景，表示出版社对本次人才教育专业委员会成立大会非常重视，并简要介绍了出版社为本次成立大会顺利召开所做的筹备工作，希望依托各位委员的专业力量，将人才教育专业委员会发展得越来越好。

中国建筑学会建筑产业现代化发展委员会理事长叶浩文对人才教育专业委员会的成立表示祝贺，对各位来宾表示欢迎。叶浩文理事长介绍了中国建筑学会建筑产业现代化发展委员会的工作任务是团结和联系从事建筑产业现代化的广大专家和学者，在政府、企业、会员之间发挥桥梁纽带作用，共同推进我国建筑产业现代化和装配式建筑的发展。当前，政府对于装配式建筑的推动力一直在加大，发展装配式建筑已上升为推动社会经济发展的国家战略，而人才培养更是重中之重，人才教育和培养的空间非常大，所以中国建筑学会建筑产业现代化发展委员会人才教育专业委员会的成立恰逢其时。叶浩文理事长表示，中国建筑工业出版社作为隶属于住房和城乡建设部的专业科技出版社，在行业内有着深厚的资源积累，希望充分发挥出版社在行业内的交流平台作用，并祝愿人才教育专业委员会在出版社和各位委员的鼎力支持下，为我国装配式建筑人才的培养作出更多的贡献。

中国建筑学会建筑产业现代化发展委员会秘书长叶明宣读了成立中国建筑学会建筑产业现代化发展委员会人才教育专业委员会的决定文件。

本次成立大会推选中国建筑工业出版社副总编辑刘江为人才教育专业委员会主任委员。会议上，刘江主任委员宣读了人才教育专业委员会副主任委员、委员、秘书长、副秘书长名单，并由常务副秘书长高清禄宣读了《人才教育专业委员会工作计划和近期工作安排》。

在本次成立大会上，上海城建职业学院副院长（主持工作）徐辉、山东城市建设职业学院副院长高绍远、华东建筑集团股份有限公司科创中心副主任田炜分别就《校企融合　推进装配式建筑施工紧缺人才培养》、《打造建筑产业现代化教育优质平台　助力建筑产业转型升级》、《上海建筑工业化发展现状以及对土木工程人才培养的思考》主题进行了演讲。

中国建筑工业出版社副社长、总编辑咸大庆致欢迎辞

中国建筑学会建筑产业现代化发展委员会理事长叶浩文讲话

中国建筑工业出版社党委书记尚春明最后进行了总结讲话，他在总结中再次对各位专家的光临表示欢迎，对中国建筑学会建筑产业现代化发展委员会的重视以及将人才教育专业委员会的挂靠单位委托给出版社表示感谢。他强调建筑产业现代化的发展现在得到了国家的高度重视，建筑产业化是属于国家发展的大业，目前产业化人才极度缺乏，已滞后于行业的发展，今天成立中国建筑学会建筑产业现代化发展委员会人才教育专业委员会，意义非常重大。他希望人才教育专业委员会依托中国建筑工业出版社 60 多年的资源积累和品牌影响力，起到承上启下的作用，服务于国家，服务于行业，服务于企业、高校、职业院校，致力于培养、建立行业需要的各类人才队伍，履行好所肩负的社会责任。

中国建筑工业出版社副总编辑刘江主持会议

中国建筑工业出版社党委书记尚春明总结讲话

全体专家委员合影

中国建筑学会建筑产业现代化发展委员会
人才教育专业委员会第一届委员会
委员名单

主任委员：

刘　江　　中国建筑工业出版社副总编辑　编审

副主任委员（以姓氏笔画排列）：

田　炜　　华东建筑集团股份有限公司上海建筑科创中心副主任　教授级高级工程师
杨长军　　济南工程职业技术学院院长
陈建伟　　华北理工大学建筑工程学院副院长　副教授
赵中宇　　中国中建设计集团有限公司（直营总部）总建筑师　教授级高级建筑师
徐　辉　　上海城建职业学院副院长（主持工作）　教授
郭海山　　中国建筑股份有限公司科技部助理总经理　教授级高级工程师
桑培东　　山东建筑大学管理工程学院院长
梁　健　　中建管理学院院长办公室主任　高级经济师
高绍远　　山东城市建设职业学院副院长　教授

秘书长：

范业庶　　中国建筑工业出版社副主任　编审

常务副秘书长：

高清禄　　山东智筑侠职业培训学校校长

副秘书长：

赵　勇　　同济大学　副教授
万　李　　中国建筑工业出版社　副编审

委员（以姓氏笔划排列）：

王　刚　　德州职业技术学院副院长
王凤来　　哈尔滨工业大学混凝土与砌体结构研究中心主任　教授
王美芬　　淄博职业学院建筑工程学院院长　副教授
王总辉　　山东建筑大学建筑规划设计研究院副总工程师　研究员
龙莉波　　上海建工二建集团总工程师　教授级高级工程师
田春雨　　中国建筑科学研究院建筑工业化研究中心主任　研究员
朱敏涛　　上海建工材料工程有限公司副总工程师　高级工程师
刘　明　　沈阳建筑大学博导，辽宁省现代建筑产业工程研究中心主任　教授
刘立明　　北京建谊投资发展（集团）有限公司副总裁
刘福胜　　山东农业大学水利土木工程学院院长　教授
齐景华　　山东科技职业学院土木工程系主任　副教授
李　桦　　北京工业大学工业设计系主任
李　琰　　上海建工五建集团总工程师　教授级高级工程师
李元齐　　同济大学土木工程学院，国家土建结构预制装配化工程技术研究中心副主任　教授
李平德　　重庆博众城市发展管理研究院副院长　经济师
李帼昌　　沈阳建筑大学北方地区现代民用建筑产业化协同创新中心主任　教授
杨建华　　江苏城乡建设职业学院土木工程学院院长　副教授
肖　明　　中国建筑标准设计研究院副总工程师　高级工程师
肖明和　　济南工程职业技术学院土木工程学院院长　副教授
谷道宗　　枣庄科技职业学院院长
宋　兵　　清华大学建筑设计研究院建筑产业化分院副院长
张守峰　　中国建筑设计院有限公司装配式建筑工程研究院副院长、总工程师　教授级高级工程师
张芳儒　　徐州工业职业技术学院副院长
张家惠　　烟台职业学院建筑工程系系主任　副教授
陈年和　　江苏建筑职业技术学院建工院院长　副教授
苗吉军　　青岛理工大学土木工程学院院长
段绪胜　　山东农业大学水利土木工程学院系主任　教授
侯和涛　　山东大学土建与水利学院土木系主任　教授

中国建筑教育

建筑学 | 城乡规划学 | 风景园林学

2017 · 征订启事

《中国建筑教育》

CHINA ARCHITECTURAL EDUCATION

《中国建筑教育》由全国高等学校建筑学学科专业指导委员会、全国高等学校建筑学专业教育评估委员会、中国建筑学会和中国建筑工业出版社联合主编，是教育部学位中心在2012年第三轮全国学科评估中发布的20本建筑类认证期刊（连续出版物）之一，主要针对建筑学、城市规划、风景园林、艺术设计等建筑相关学科及专业的教育问题进行探讨与交流。

《中国建筑教育》

现每年出版4册，每册25元，年价100元；

预订1年（共4本，100元），赠送往年杂志1册；

预订2年（共8本，200元），赠送往年杂志3册；

挂号信寄送；如需快递，需加收运费10元/册。

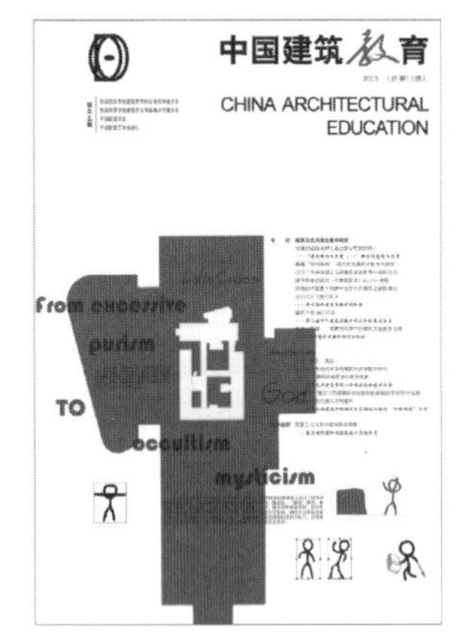

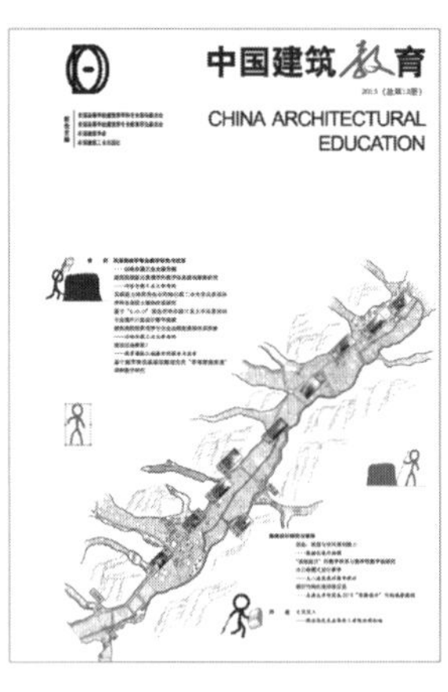

《建筑的历史语境与绿色未来》

——2014、2015"清润奖"大学生论文竞赛获奖论文点评

本书是《中国建筑教育》·"清润奖"大学生论文竞赛第一、二届获奖论文及点评的结集，定名为《建筑的历史语境与绿色未来》。一方面，获奖论文显示了目前在校本科及硕、博士生的较高论文水平，是广大学生学习和借鉴的写作范本；另一方面，难能可贵的是，本书既收录了获奖学生的写作心得，又特别邀请了各论文的指导老师就文章成文及写作、调研过程，乃至优缺点进行了综述，具有很大的启发意义。

尤其值得称道的是，本书还邀请了论文竞赛评委以及特邀专家评委，对绝大多数论文进行了较为客观的点评。这一部分的评语，因为脱开了学生及其指导老师共同的写作思考场域，评价视界因而也更为宽泛和多元，更加中肯，"针砭"的力度也更大。有针对写作方法的，有针对材料的分辨与选取的，有针对调研方式的……评委们没有因为所评的是获奖论文就一味褒扬，而是基于提升的目的进行点评，以启发思考，让后学在此基础上领悟提升论文写作的方法与技巧。从这个层面讲，本书不仅仅是一本获奖学生论文汇编，更是一本关于如何提升论文写作水平的具体而实用的写作指导。

该获奖论文点评图书计划每两年一辑出版，本书为第一辑。希望这样一份扎实的耕耘成果，可以让每一位读者和参赛作者都能从中获益，进而对提升学生的研究方法和论文写作有所裨益！现《中国建筑教育》编辑部诚挚地向各建筑院校发起图书征集订购活动，欢迎各院校积极订阅！

中国建筑工业出版社出版；

定价78元/本；

快递包邮；开正规发票。

征订方法： 编辑部直接订购。

联 系 人： 陈海娇（责任编辑） 电话：010-58337043 QQ：2822667140

柳 涛（建工社发行部门） 电话：010-58337114、13683023711

QQ：1617768438

微信号:liutao13683023711

淘宝店铺：搜索"《建筑师》编辑部"

添加柳涛微信，快速下单

关注《中国建筑教育》微信公众号，获得最新资讯